실전 네일아트

저자 약력

최은정 건국대학교 이학박사
정화예술대학교 미용예술학부 조교수
김수연 건국대학교 이학박사
두원공과대학교 뷰티아트과 조교수
송정희 건국대학교 이학박사
신구대학교 뷰티스타일링과 외래교수

실전 네일아트

2014년 3월 2일 초판 인쇄
2014년 3월 5일 초판 발행

저　　자 최은정 김수연 송정희
발 행 인 조규백
발 행 처 도서출판 구민사
(150-034) 서울특별시 영등포구 문래로 187, 604(영등포동4가, 동서빌딩)
전　　화 02.701.7421~2
팩　　스 02.3273.9642
홈페이지 www.kuhminsa.co.kr
등　　록 제14-29호(1980년 2월 4일)
ISBN 978-89-7074-878-8 93150
값 22,000원

실전 네일아트

최은정 김수연 송정희 지음

구민사
Technology Computer
www.kuhminsa.co.kr

머리말

아름다움을 추구하는 경향이 강해지고 신체적 아름다움의 표현 방식의 하나로 미용이 발전 변화되어 왔습니다. 미용은 인간의 역사가 시작된 이래 계속해서 이어진 이 땅위를 살아가는 모든 이들의 공통된 생활양식입니다. 21세기에 들어서면서 가장 발전하고 앞으로 전망 있는 산업에 미용분야가 빠지고 있지 않습니다. 아름다움, 인간이 아름다움 즉 미를 추구하는 한 미용분야는 확대 발전해 나갈 것입니다. 네일 미용, 우리가 네일아트라 일반적으로 부를 정도로 미와 관련이 있고 그 영역이 넓어지고 전문화 되고 있습니다.

네일아트 영역이 그동안 손·발톱의 관리라 하여 헤어에 포함되어 출발하였지만 이제 네일아트는 예술적 표현의 장으로 그 영역을 확장시키며 더욱 다양한 표현방법들로 발전되어 아름다움을 표현하는 새로운 트렌드를 계속해서 대거 생산해 낼 것으로 봅니다. 네일 미용이 연예인에서 일반인까지 다양한 계층의 사람들에게 보급되고 대중화되어 아트 분야로 네일 산업이 급속도로 발전하였습니다. 우리나라에서 네일이 다른 미용분야에 비해 늦게 출발하였고 아직도 시작 단계이지만 네일 미용이 가지고 있는 전문성이 있어 네일테크니션이 되려면 기본적인 지식과 기술을 겸비해야 합니다. 외국의 경우 네일 법안이 존재하고 주정부 단위로 시행되며, 특히 위생과 화학물질에 관한 규제를 강하게 시행하고 있습니다.

네일 미용이 아름다움의 추구를 넘어 건강한 네일관리를 위해서 네일테크니션들의 체계적인 전문교육이 필요해지고 있습니다. 제품에 대한 정확한 이해와 올바른 시술방법의 습득이 요구되고 있습니다. 앞으로 전문가로 나아가기 위해 시작하는 네일테크니션들이 염두에 두고 전문적이고 체계적인 이론을 습득하며 기술 또한 익히기 바랍니다.

이 책은 이러한 부분에 조금이라도 도움이 되고자 네일 미용의 이론들을 정리하고 초급부터 차근차근 시작할 수 있도록 이론부분과 실기부분으로 구성하였습니다. 더 많은 내용을 담지 못한 점이 아쉽지만, 네일 미용 발전을 위해 앞으로도 꾸준히 노력하겠습니다.

끝으로 이 책을 출간하는데 많은 도움을 주신 도서출판 구민사 조규백사장님께 진심으로 깊이 감사를 드립니다.

2014년
저자일동

contents

nail art 2014

chapter 03 손톱과 손톱 질환

chapter 04 네일 재료

chapter 05 네일의 기초 실기

chapter 06 네일 기술

chapter 01

네일관리의 역사

1. 네일의 유래와 역사

손톱을 치장하는 것은 매니큐어 발명에 의해 시작된 비교적 최근의 일이라고 알고 있지만 매니큐어 발명 훨씬 전부터 행해진 오래된 치장행위 중에 하나다.

매니큐어(Manicure)란 말은 일반적으로 사용하는 것처럼 손톱에 색상이나 폴리쉬를 칠하는 것을 의미하는 것이 아니라 손톱의 관리 즉 모든 네일 서비스를 의미한다. 손톱과 손을 아름답게 가꾸는 기술로 라틴어의 마누스(manus/손)와 큐라(cura/관리)에서 매니큐어라는 단어가 파생되어 네일의 모양 정리, 큐티클(cuticle)정리, 손 마사지, 컬러링(coloring) 등을 포함한 총괄적인 손의 관리(hand care)를 뜻하며 네일 기술은 5000년에 걸쳐 변화, 발전하여 왔다.

네일관리는 처음에는 집권층이나 부호들만이 즐길 수 있는 것이었으나 오늘날은 생활수준의 향상과 패션에 민감하고 감각적인 대중들이 네일 미용을 즐기기 시작하고 인기 있는 영역이 되었으며 시장성도 넓어서 전망 있는 유망 직종으로 자리 매김 되어 다양한 네일 제품이 개발되었다.

현대에는 네일 테크닉이 전문화, 세분화 되고 네일 제품의 기능이 향상 되면서 네일 산업이 세계의 주요산업의 하나로 발돋움 하고 있다.

최초의 네일관리는 BC 3000년에 고대 이집트에서 지위가 높은 남녀들이 손톱을 관목에서 나오는 헤나(HENNA)라는 붉은 오렌지색 염료로 물을 들인 것으로 거슬러 올라갈 수 있다. 왕과 왕비는 짙은 색으로 물을 들였고, 그보다 신분이 낮은 사람들은 옅은 색으로 물들였다.

중국에서는 벌꿀과 계란흰자, 아라비아산 고무나무에서 얻은 손톱에 바르는 페인트를 만들어 발랐다고 하며, BC 600년에는 귀족들은 금색과 은색 페인트를 칠했다고 전해지며, 15세기 들어와서 중국의 명나라 왕족들은 흑색과 적색을 칠하였다.

특히, 입술연지를 만드는 "홍화"의 재배가 유행하여 네일에도 연지를 발라, "조홍"이라 하였다. 화려한 역사에 걸맞게 금색이나 은색 또는 검정이나 흑적색 등 시대별로 다양한 색과 밀랍이나 난백(卵白)을 사용함으로써 미적 감각과 특권층 신분을 맘껏 누릴 수 있었다.

그리고 수많은 전쟁이 치러졌던 중세시대에는 남자들에게도 네일관리가 시작되어, 전쟁터에 나가는 군사들도 손톱과 입술에 같은 색을 칠하는데 많은 시간을 소비하였다. 17세기 인도 여성의 경우에는 네일 매트릭스(Nail Matrix, 조모)에 문신바늘로 물감을 주입시켜 상류층임을 나타내기도 하였다. 현대에 들어서는 특정 계급을 위한 것이 아닌, 일반인들에게 점차 대중적인 매니큐어가 되었다. 1800년대 이후에는 손톱 끝을 뾰족하게 하는 포인트 쉐입(Pointed Shape Type)이 헐리우드 여배우들 때문에 더 유행하였으며, 향이 있는 빨간 기름을 바른 다음 염소나 양의 부드러운 가죽을 이용하여 색깔이나 광을 내기도 하였다. 1830년에는 유럽에서 발 전문의사 시트(Sitts)가 치과에서 사용되던 기구와 도구에서 착안한 오렌지 우드스틱을 네일관리에 사용하기 시작하였으며, 본격적으로 손톱의 관리가 시작되었고, 1885년에는 네일 에나멜의 필름형성제인 니트로 셀룰로스가 개발 되었으며, 1892년에는 발 전문의사 시트(Sitts)의 조카에 의해서 네일관리가 여성들의 새로운 직업으로 미국에서 도입되었다. 1990년대부터 메탈파일(Metal File)이나 메탈 가위(Metal Scissors)를 이용하여 네일관리가 발전하기 시작하였다.

1910년에 금속 네일 도구가 제작 되었으며, 1917년에는 보그 잡지에 닥터 코로니가 도구와 기구를 사용하지 않는 네일 홈 케어 제품을 소개하였고, 이후로 부터 가루를 사용하여 광을 내던 종전과는 달리 방수가 되면서 오랫동안 광택이 유지되는 네일 폴리쉬의 필요성이 절실하게 요구 되었다.

1925년도에는 네일 폴리쉬(Nail Polish) 시장이 활발하게 움직였으며, 1927년에는 프렌치 매니큐어의 사용 및 제조의 시작으로 흰색 폴리쉬, 큐티클 크림, 큐티클 리무버가 제조 되었다. 1930년대에는 전기를 이용하여 손톱에 광을 내는 기구들이 선을 보였고, 제나(Gena)연구팀에 의해 네일 폴리쉬 리무버(Nail enamel remover), 워머로션(Warmer lotion), 큐티클오일(Cuticle oil)이 최초로 등장했다. 1932년도에는 다양한 색상의 에나멜이 제조되어, 레브론 사에서 최초로 립스틱과 잘 어울리는 색상의 네일 폴리쉬를 출시했다.

1935년 인조손톱이 정식으로 등장하였다. 1948년에는 미국의 노린 레호(Noreen reho)가 매니큐어 작업기구 사용을 시작했으며, 1950년에는 자연 네일, 자연 색상 유행으로 헬렌 걸리(Helen gouley)가 네일관리 교습을 시작하였다. 1957년도에는 네일 팁 사용인이 많아졌으며, 당시 포일을 이용한 아크릴릭 네일이 처음 시작되어 행해졌다. 1960년에는 실크(Silk)와 린넨(L nen) 등을 이용하여 길이를 연장하는 것 뿐만 아니라 약한 네일을 보강하기 시작하였으며, 1970년에는 치과에서 쓰는 재료를 이용하여 아크릴 네일이 개발되어 본격적인 아름다움을 표하기 시작했다. 1973년에는 미국 네일 회사(IBD : International Beauty Department)가 처음으로 네일 접착제와 접착식 인조네일을 개발하여 인조손톱이 활기를 띄었다.

1974-75년에는 미국식약청(FDA : Food and Durg Administration)에 의해 아크릴릭 화학제품이 인체에 해를 끼친다고 판명되어 사용 금지되었다.

1976년에는 스퀘어 쉐입(Square Type)과 네일 팁, 아크릴릭, 화이버 랩(Fiber wrap)이 등장함으로써 네일아트가 미국에 정착하기 시작했다. 1980년대에는 손톱에 모양을 낼 수 있는 액세서리가 유행하기도 하였다. 1989년대에 들어와서는 네일 시장이 급성장하게 되었고, 1992년대에는 인기스타들에 의해 대중화가 되었다. 1994년에는 젤 시스템이 등장했으며, 뉴욕 주에서는 네일 테크니션 면허 제도를 도입하게 되었다.

2. 네일 미용산업의 현황

세계적으로 매년 수백만 명의 패션에 감각적인 고객을 상대로 네일 전문가들이 하고 있는 작업은 매니큐어와 인조 네일 등의 여러 가지 방법으로 그 시장 규모는 100억불이상의 큰 규모를 나타내고 있다고 한다.

(1) 국내

국내에서는 1990년대 초반에 도입된 네일 미용 산업은 1990년대에 들어서면서 3차 산업인 서비스 산업의 발달과 함께 빠른 성장을 보이며 발전해왔다. 한국인의 특징 및 의식문화와 현 실정에 맞춰 여러 테크닉과 네일 아트 부분에서 많은 발전을 보였으나, 미국 및 여러 선진국의 긴 역사와 많은 차이를 보이지만 받아들이는 것에 비해 빨리 대중화가 되어가고 있는 실정이다. 또한, 전문 네일 아티스트 배출을 위한 네일 전문 미용학원과 전문대학의 네일 아트 과목 신설되어지고 있는 추세라 향후 네일에 대한 전망은 계속적으로 발전할 전망이다.

(2) 국외

국외에서는 1800년을 기점으로 미국의 네일 산업이 발전하기 시작하였다. 1970년대 초 소수 민족인 유태인에 의해 본격적인 네일의 붐이 시작으로 1944년 미국의 뉴욕은 네일 산업 종사자의 라이센서를 통해서 전문적인 직업으로 인정받아 네일 산업이 대외적으로 정체성 확립이 되었고 미국 전 지역과 프랑스의 파리에서는 이미 네일 미용이 대중화, 보편화, 일반화 되어 있는 상태이다.

chapter 02

네일 위생과 안전

1. 네일샵 안전관리

네일샵은 많은 사람이 이용하는 관계로 예상치 않은 사고가 발생 할 수 있으며, 네일 기기, 기구, 약품, 감염고객 등의 감염인자로 인해 각종 안전사고가 발생할 수 있다. 항상 사전 작업 환경을 안전하게 하고 위험 발생 가능한 인자를 차단하여 사고를 예방하여 안전한 네일샵이 되도록 해야 한다.

(1) 일반 안전관리

① 외부인과 접촉이 쉬운 주위에 고객의 코트나 소지품을 두지 않게 한다. 돈을 보관하는 카운터는 어디서나 보일 수 있는 곳에 설치하고, 거울을 이용하거나 폐쇄회로를 이용하여 도난 사고가 발생하지 않도록 한다. 불의의 사고 시에 인근 경찰서나 사설 경비회사와 연결될 수 있는 비상버튼을 설치한다.

② 금전사고를 예방하기 위해 수표는 항상 주민등록번호, 전화번호, 이름, 주소 등을 기입하게 하

고 주민등록증, 운전면허증, 학생증, 여권 등에 있는 사진과 대조해 본다. 발행 은행에 위조, 변조 지폐 여부를 조회하여 경제적 불이익을 당하지 않도록 한다.

③ 물품을 팔기 위한 진열장은 잠금 장치가 있는 유리로 된 진열장을 이용하거나 혹은 내용물을 들어 있지 않는 빈 상자나 빈 용기로 진열한다.

④ 전기 사고가 일어나지 않도록 샵 내에서 사용하는 모든 전기제품은 정기점검을 하여 안전하게 사용하며, 물기가 많은 곳에는 반드시 절연 장치가 된 제품을 사용하고 차단기 등을 설치하여 불의의 사고를 막도록 한다.

⑤ 소화기를 샵 내에 비치하고 열 감지기나 연기 감지기도 설치한다.

⑥ 고용인에게 안전 관리법을 철저하게 교육시키고, 주의사항을 매일 점검하게 하며, 응급 사고 시 대처하는 응급 처치법을 숙지하도록 하여 신속한 대처를 할 수 있도록 한다. 또한, 경찰서, 119 구급대, 소방서, 전기안전공사, 가스안전공사 등 안전사고 대책기관 비상연락망을 확보한다.

(2) 전기 안전관리

① 젖은 손으로 전기 기구를 만지면 감전될 수 있으므로 주의한다.

② 안전기에 반드시 정격 퓨즈를 사용하여야 한다. 정격 퓨즈를 사용하지 않을 경우 화재 위험이 발생한다.

③ 한 개의 콘센트에 전기 기구를 많이 사용하게 되면 한꺼번에 과다 전류가 흐르게 되어 화재의 위험이 크다.

④ 불량 전기제품이나 시술도구를 사용하지 않는다. 불량 전기제품을 사용하면 누전이나 합선 등으로 인해 감전, 화재의 위험성이 매우 높다.

⑤ 코드를 꼽을 때는 콘센트에 완전히 접속하고, 뽑을 때는 플러그를 잡고 안전하게 뽑아야 한다.

⑥ 습기가 많은 장소의 전기기구는 반드시 접지를 해야 한다.

⑦ 누전차단기 이상 유무를 정기적으로 점검한다. 월 1회 이상 시험 단추를 눌러 정상적으로 작동하는지 확인하여 누전 시 발생 될 수 있는 가전 사고나 화재 등에 대비한다.

(3) 제품 안전관리

네일샵에서 사용되는 화학 물질은 다음과 같은 제품들이 주로 사용되며, 과다 노출로 인해 부작용과 위험에 노출될 수 있다.

1) 네일 아티스트가 사용하는 일반적인 화학물질

- 솔벤트가 들어있는 네일 폴리쉬와 리무버는 발화위험이 있다.
- 아크릴릭 네일에서 사용하는 프라이머는 피부를 심하게 부식시키므로 특별히 조심한다.
- 라이트 큐어젤(light-cured-gel)과 노 라이트 젤(no-light-gel), 글루, 솔벤트는 손톱을 건조하게 하여 금이 가거나 각질이 벗겨진다.
- 파일링 할 때 발생하는 먼지나 아크릴 제품, 솔벤트, 프라이머 등에서 발생되는 기체를 호흡하는 것은 건강에 좋지 않다.

2) 화학물질에 과다 노출 시 나타나는 증상

- 가벼운 두통 증상이 발생한다.
- 잠을 제대로 못 잔다.
- 콧물이 난다.
- 목이 마르고 아프다.
- 눈물이 나며 눈에 충혈이 일어난다.
- 피부 충혈과 발가락 등이 따끔거린다.
- 몸이 나른해지고 하루 종일 피곤하다.
- 피부 충혈과 호흡 장애가 생긴다.
- 우울증과 판단력이 흐려지는 등의 장애가 발생한다.

3) 화학물질에 대한 대처방법

- 네일샵의 공기를 자주 환기시켜 냄새가 잘 빠질 수 있게 하거나 환풍기 등을 사용하여 내부공기를 정화시켜 환기된 작업장에서 작업한다.
- 화학물질이 공중에 분산되지 않도록 주의하며, 피부 등에 상처가 있을 때는 비닐장갑을 착용하는 등의 대처방법으로 화학물질이 피부에 닿지 않도록 한다.
- 네일관리 중 발생하는 먼지흡입 방지를 위하여 마스크를 착용한다.
- 보호안경을 착용하는 것을 권하며, 살롱에서 콘택트렌즈의 사용을 가능한 피한다.
- 네일샵 내에서는 인화의 위험이 있으므로 흡연을 금하고 발화 물질을 차단한다.

- 먹기 전에 반드시 손을 깨끗이 씻고, 음식을 먹을 때는 위생을 철저히 하며 청결하고 위생적인 지정 장소에서 먹도록 한다.
- 모든 제품은 폭발이나 인화의 위험이 있으므로 라벨을 붙여 잘못 사용하는 일이 없도록 주의하고 건. 냉소에 보관한다.
- 모든 재료는 뚜껑을 덮어서 보관하며, 공기를 오염시킬 염려가 있으므로 휴지통을 자주 비워 냄새가 발생하지 않도록 한다.
- 만약의 사고에 대비하여 전화기 옆에는 항상 병원 및 응급실 전화번호를 부착해 놓고, 사고발생 시에는 즉시 대처할 수 있도록 한다.

(4) 고객 안전관리

① 고객의 불편 사항을 수용할 수 있도록 건의함을 제공하고 개선 가능한 경우 적극 반영한다.
② 서비스 제공 순서에 대한 논쟁을 막기 위해 차례를 안내하고 예약을 통해 기다리는 불편을 없앤다.
③ 고객의 코트나 상의를 보관할 장소를 제공하고 귀중품의 도난 사고를 막기 위해 어디서나 잘 보일 수 있는 곳에 설치한다.
④ 니퍼나 클리퍼 등으로부터 알레르기가 발생하면 전문의에게 상의하도록 한다.
⑤ 에나멜 등 네일 제품의 사용 시 피부 과민반응이 일어날 수 있으므로 사전에 알레르기 테스트를 실시하고, 만약 사용 중 부작용이 발생했을 때는 즉시 사용을 중단한다.
⑥ 금전사고를 사전에 방지하기 위해 수표에 주민등록번호, 전화번호, 이름, 주소 등을 기입하고 대조해 본다.
⑦ 응급처치를 위한 구급용품을 네일샵에 비치한다.

(5) 관리자 안전관리

① 고용인 채용할 때는 충분한 시간을 갖고 특성과 성격 및 전문성을 잘 파악하여 신중히 결정한다.
② 네일샵에서 일하는 모든 고용인은 사고 시 대처 할 수 있도록 응급 처치법을 매일 숙지하여 응급한 상황이 발생할 경우 신속한 대처를 할 수 있도록 한다.
③ 사용기구나 제품들에 대한 사전 준비 작업과 안전점검을 철저히 하도록 한다.

(6) 작업인 안전관리

① 1시간당 10분 휴식을 취하여 눈의 피로를 풀어줌으로써 작업의 능률을 향상할 수 있다. 휴식 시 작업장소를 벗어나 먼 곳을 응시함으로써 눈의 피로를 덜게 한다.

② 매니큐어와 페디큐어 작업 시에는 밝은 불빛을 작업대에 설치하여 눈의 피로를 덜어 주도록 한다.

③ 파일링(filling)이나 계속되는 마사지 등으로 팔목, 팔, 목, 어깨뼈 등이 뻐근해지는 근육통 등이 발생할 수 있으므로 자주 휴식을 취하여 시술한다.

④ 고객과 마찰이 생겼을 경우에는 고객의 말을 충분히 경청하고, 고객의 입장에서 문제점을 이해하고 해결할 수 있도록 한다. 개선사항이 있으면 수용하는 자세를 보인다.

⑤ 허리보호를 위해 무릎을 굽혀 물건을 들어 올리는 습관을 기른다.

⑥ 작업공간에서는 담배를 절대 피우지 않는다.

⑦ 제품 중 공기나 빛에 노출 되었을 때 변질될 위험이 있는 경우는 밀봉을 하거나 빛을 차단 할 수 있는 용기에 보관하여야 한다. 변질될 수 있는 제품은 서늘한 냉암소에 보관해야 한다.

⑧ 큐티클을 정리할 때는 큐티클의 기능 보존과 감염방지를 위해 1mm정도의 큐티클을 남겨 두도록 한다.

⑨ 니퍼와 푸셔 등과 같은 기구는 재기능을 발휘하도록 잘 정돈하여 둔다.

⑩ 페디큐어 서비스를 행할 때 사용되는 제품들은 두통, 호흡기 질환, 현기증의 원인이 될 수 있다. 작업대 위에 흡입 시설을 설치하도록 하고, 시설이 불가능 할 경우는 마스크를 착용한다.

2. 소독과 멸균

네일 아티스트는 소독과 멸균에 대한 기본 지식을 갖고 있어야 한다. 샵의 설비 및 도구를 위생적으로 관리 하지 않을 경우 네일 아티스트와 고객은 감염의 위험에 노출 될 수 있기 때문이다. 그러므로 네일 아티스트는 감염체의 종류와 전파경로 등을 숙지하고 있어야 함은 물론, 적절한 위생관리를 철저히 하여 사전에 작업환경을 안전하게 하고 감염으로부터 고객과 네일 아티스트 자신을 보호할 수 있어야 한다.

- 소독은 병원성 미생물을 사멸 제거하여 감염력을 파괴하는 것을 목적으로 하는 것을 목표로 하지만, 병원성 미생물의 성질에 따라서 완전히 멸균할 수 없으며 물리적, 화학적 방법으로 병원성 미생물만을 주로 제거하는 것이다.
- 살균은 병원체나 비병원균을 사멸시키는 것이다.
- 멸균은 병원균, 비병원균, 포자(아포) 등 모든 균을 완전히 제거, 사멸시켜 무균 상태로 하는 것이다.

미생물의 종류와 특징에 따라 소독 및 멸균법이 달라지므로 자연적, 물리적, 화학적 방법 중 가장 효과적인 방법을 선택해야 한다.

소 독	병원미생물을 죽이거나 제거하여 감염력을 없애는 것
멸 균	병원체든 비병원체든 완전히 없애는 것
방 부	미생물의 생활환경을 불리하게 만들거나 발육을 저지시키는 것
살 균	원인균을 죽이는 것
제 부	화농창 소독약을 발라 화농균을 사멸시키는 것

(1) 자연소독법

1) 희석(Dilution)

자연적으로 소독하는 방법 중 하나로 희석 자체에 대한 살균효과는 없으나 대상자에게 피부와 모발에 관련된 분비물 등은 감염원이 될 수 있으므로 일차적으로 청결하게 세척한 후 무한히 희석시키면 세균은 군락을 형성할 수 없게 되어 주위 환경으로부터 영양물질의 흡수를 할 수 없어 발육이 지연된다.

2) 태양광선(Sunlight)

태양광선의 살균작용은 가시광선, 적외선 및 대기 등의 공동작용인 산화에 의해 좌우되나, 이 중에서 가장 강력한 살균작용이 있는 파장은 2900~3200nm 정도의 파장인 도르노산(dorno ray)이다. 태양광선은 파장이 다른 전자파들을 방출하는데 파장의 길이에 따라 생물학적으로 미치는 영향이 각기 다르다. 자외선은 400nm 이하의 단파장으로 피부에 광 생물학적 반응을 유발하며 우리 몸에 비타민 D를 생성하지만 피부암을 유발하기도 한다. 가시광선은 400~800nm의 중 파장 망막을 자극한다. 적외선은 800nm~1mm의 장파장으로 피부 조직 깊숙이 영향을 미쳐 온열효과가 있어 혈액순환, 근육조직의 이완, 신진대사 촉진, 식균 작용 등의 역할을 한다. 또, 자외선은 내부 침투력이 약하기 때문에 공기를 통과하는 동안에 공기분자에 의한 확산, 가스 특히 오존층에 의해 흡수된다. 태양광선은 계절, 날씨, 하루의 시간 등에 따라 다르며 자외선 약6%, 적외선 약 60%, 가시광선을 35%를 차지하고 있다.

3) 한냉(Cold)

한냉은 낮은 온도의 상태를 이용한다. 저온은 세균의 신진대사 기능에 필요한 효소의 촉매속도 등을 지연시키게 되므로 세균 번식과 기능을 억제하지만 사멸되지는 않는다. 일반적인 세균은 저온에 대한 저항성이 강하다. 따라서 저온에 의하여 균을 억제 시키고자 할 경우에는 미생물의 대부분은 저온에 대한 저항성이 강하므로 동결과 건조법을 동시에 적용시키는 것이 확실한 살균법이 될 수 있다.

(2) 물리적 살균법

물에 넣을 수 없는 유리제품이나 솜, 거즈 등의 소속 대상물품을 침투압, 자외선, 방사선, 여과, 고온에서 지속적으로 노출시켜 병원 미생물을 제거하거나 죽이는 방법이다.

1) 건열법(Dry heat)

- **화염멸균법**(Flaming sterilization)

소각할 수 없는 소독 대상 중 멸균하고자 하는 물체를 알콜램프, 천연가스 등을 이용하여 소독하고 해당 물품을 불꽃 속에서 20초 이상 직접 접촉시켜 제품의 표면에 붙어 있는 미생물을 태워서 죽이는 방법이다. 이 방법은 주로 금속제품, 도기제품, 유리제품 등 소독에 이용한다.

- **소각법**(Incineration)

소각은 가장 확실한 방법으로 재생이 불가능하며, 환경 미생물에 의하여 오염된 옷, 수건, 1회용 쓰레기, 휴지, 침, 오염된 신발 등을 담았던 용기나 쓰레기와 같은 재생의 가치가 없는 것이나 병원미생물에 오염된 것을 불에 태워 멸균시키는 가장 쉽고도 안전한 방법이다. 하지만 대기 오염을 일으킬 수 있으므로 주의해야 하며, 태우는 장소는 일정한 시설과 안전기준에 부합되는 곳이라야 하며, 다량의 물품을 소각 시킬 경우 소각 대행기관에 의뢰를 하거나 적법한 절차를 따르는 것이 바람직하다.

- **건열멸균**(Dry heat sterilization)

미생물을 산화 또는 탄화시켜서 미생물이나 포자를 멸균하는 방법이다. 이 방법은 주로 전기를 이용하는 건열멸균기로 사용한다.

사용 대상물은 금속제로 된 기구들, 내열성 사기제품이나 주사기침, 유지류, 분말 등이다. 160~170℃에서 1~2시간 정도 노출 시키며, 멸균할 내용물의 재료와 양에 따라 온도는 적당한 변화를 할 수 있다. 고무제품에는 사용 할 수 없다.

2) 습열법(Moist heat)

습열에 의한 방법은 파멸균품에 열의 전도가 빠를 뿐만 아니라, 모든 부분에 골고루 열이 전달된다. 수분이 열전도의 매체역할을 담당하기 때문이다. 또한 수분의 존재로 인하여 미생물 단백질의 응고가 촉진되어 멸균 효과가 커지게 된다. 습열 멸균법의 종류에는 대표적으로 끓여서 소독하는 자비소독법과 온도가 낮은 상태에서 소독하는 저온소독법이 있다.

- **자비소독법**(boiling water sterilization)

자비소독은 상하거나 변형되지 않는 물건을 물을 끓여서 하는 방법으로 약 100℃의 끓은 물 속에서 15~20분 정도 소독한다. 소독시간은 비등 후부터 잰다. 유리제품의 경우 물이 비등 전에 넣어야 제품이 깨지는 것을 막을 수 있으며, 금속제품은 비등 후에 제품을 넣어야 얼룩을 방지할 수 있다. 이 방법으로 완전히 멸균은 기대할 수 없으나, 일반 세균은 수초에서 수분 내에 사멸한다. 이때 탄산나트륨을 끓이는 물에 1~2% 비율로 넣으면 소독력이 높아지고 금속이 녹스는 것을 방지하는 효과가 있다. 가죽 제품과 고무 제품은 사용을 하지 않는 것이 좋다. 금속 종류는 높은 온도에서 비등 후에 넣어야 하며 소독할 물건은 열탕 속에 완전히 잠겨야 한다. 금속성식기, 면류의 의류나 타월, 도자기 등의 소독에 적합하다.

저온소독법(pasteurization)

저온소독법은 프랑스의 세균면역학자인 파스퇴르에 의해서 발명됐다. 일반적으로 우유와 같은 경우는 63~65℃에서 30분 정도의 온도와 시간에서 살균되고, 포도주는 55℃에서 10분, 건조과일은 72℃에서 30분, 아이스크림 원료는 80℃에서 30분 살균한다. 소독할 대상은 주로 음식물에 더 효과가 크며, 저온소독법은 우유와 같은 경우 영양 성분 파괴 방지나 맛의 변질을 막고 장점이 있으나 반드시 냉장 보관이 필요하며 결핵균, 소의 유산균, 살모넬라균 및 구균들의 감염 방지를 목적으로 우유를 소독하거나 술 종류의 부패 방지에 이용된다. 그러나 대장균은 사멸되지 않는다.

간헐멸균법(sterilization by intermittent method)

고압증기 멸균법에 의한 가열 온도에서 파괴될 위험이 있는 물품을 멸균할 때 이용되는 방법으로 보통 3회 정도 가열 처리하게 된다. 사용 대상물로는 금속성재료, 사기제품, 여과지, 액상재료, 물 등이다. 사용방법은 100℃의 유통증기 속에서 30~60분간 멸균시킨 다음 24시간 방치하였다가 다시 전과 같은 방법으로 3회 가열 멸균한다.

고압증기멸균법(autoclaving steam under high pressure)

고압증기멸균법은 섭씨 120℃에서 20분간 고온의 수증기를 미생물, 아포를 포함한 모든 미생물과 접촉 시켜서 완전히 사멸시키는 방법이다. 10파운드에서는 30분간, 15파운드에서는 20분간, 20파운드에서는 15분간 사용된다. 이 방법은 고압멸균기가 필요하며, 세균에 작용하는 열기는 단순한 열만 아니라 멸균에 충분한 온도를 포함한 포화 증기인 기체라는 것이 특징적이다. 고압증기 멸균법에 열원으로 수증기를 사용하는 이유는 열용량이 크고, 일정온도에서 쉽게 열을 방출하며, 청결하고 무취 무해하여 사용하기 좋다. 또 미세한 공간에도 침투성이 좋고, 대량으로 발생시킬 수 있을 뿐 아니라 발생시키는 비용도 싸다. 아포를 포함한 모든 미생물을 거의 완전하게 멸균시키는 가장 좋은 방법이다. 의류, 기구, 고무제품에 사용한다.

방사선멸균법(sterilization by rediation)

코발트나 세슘과 같은 대량으로 방사선을 방출할 수 있는 방사선을 이용하여 식품이나 산업용품, 의료품과 은 파멸균품에 조사시킴으로써 파멸균품 내에 존재하는 미생물을 방사선으로 살균하게 되는 것이다. 이 방의 원리는 각종 전자가속기에서 얻어지는 가속된 전자 등을 이용하는데 조사시설, 생물학적 차폐시설(biological shield), 물품을 방지할 수 있는 시스템, 인체 오염을 방지할 수 있는 시스템 설비에 대한 많은 비용 등으로 손쉽게 설비할 수 없는 단점들이 있다.

- **여과멸균법**(sterilization by filtration)

  여과멸균법은 열에 불안정한 액체의 멸균에 이용되는 것으로, 열에 가하면 변질될 가능성이 있는 특수약품, 혈청, 음료수 등과 같은 재료의 멸균이나 바이러스의 분리 및 세균의 대사물질을 균체로부터 분리하고자 할 때 이용된다.

(3) 화학적 살균법

화학적 살균법이란 미생물에 대하여 살균력을 갖고 있는 화학적 약제를 사용하는 방법이며, 액체를 시용하는 경우와 기체를 사용하는 경우가 있다. 물리적 살균법으로 적절한 효과를 못하는 대상물들에 대해 선택적으로 실시 할 수 있는 살균법이다.

1) 화학적 소독약품

소독에 이용되는 약제는 살균력이 강해야 하고, 무해하며 취급방법이 안전하고 간단해야 한다. 또 값이 싸고 독한 냄새가 없으면서 살균하고자 하는 대상물을 손상시키지 않는 것을 기본으로 한다. 이상적인 소독제의 구비조건은 다음과 같다.

- 사용방법이 간편해야 한다.
- 효과가 확실해야 하고, 가능하면 빠른 시간 효과를 나타내면서 살균 소요시간이 짧을수록 좋다.
- 유기물질, 비누오염, 세제에 의한 오염, 물의 강도 및 물의 산도 변화에 따라 효율의 저하가 없는 것이라야 한다.
- 소독 재료가 풍부하고 변질되지 않아야 한다.
- 충분한 세척력을 가져야 하며, 사용하는 재료의 값도 저렴해야 한다.
- 필요한 농도만큼 수용액과 대상물의 성질을 따라 소독법을 선택하여 실시하여야 한다.
- 냄새가 없는 것, 혹은 냄새가 나더라도 불쾌감을 주지 않아야 한다.
- 원액 혹은 희석된 상태에서 사용자에게 안정된 것이라야 한다.
- 소독할 대상물인 기구나 기계를 부식시키지 않아야 한다.
- 능률적인 조건은 소독부분을 약품처리기 때문에 접촉 부위를 충분히 한다.
- 작업시간, 수분, 농도, 온도에 따라 달라 질 수 있다.
- 소독약은 빛이 들어오지 않는 냉암소에 보관해야 한다.

소독제(살균작용)

소독/화학약품	농 도	액 상	사용효과
포름알데히드		가 스	실내소독, 서적, 종이제품

(특징)

- 유일한 가스체이며 넓은 내부소독까지 가능하다.
- 냄새가 심해 점막을 자극한다.
- 강한자극, 취급이 어렵다.

알코올	70~75%	액상,정제	손, 피부세척, 기구 소독

(특징)

- 무포자균에 효과가 크다.
- 무색, 투명하고 휘발성이 있으며, 값이 비싸고 증발, 인화하기 쉽다.
- 10%의 알코올은 화장수에 사용된다.
- 고무나 플라스틱 제품은 녹으므로 주의해야 한다.

암모늄염 화학물	1 : 1000 용액	가 루	20분 동안 액체에 기구를 소독(무취, 무미)
역성비누(양성비누)	3%	액 상	손 소독, 식기, 기구

(특징)

- 분자 중의 양이온이 활성화되어 살균력은 강하나 세정력은 거의 없다.
- 자극성, 독성이 없고 무색, 무취, 무미, 무자극성이다
- 결핵균에는 효과 없으며 객담소독에는 적당치 않다.

승홍수(염화제2수은)	0.1%(1/1000)	액 상	의류, 유리, 도자기, 목제

(특징)

- 조제=승홍(1) : 식염(1) : 물(998)
- 무색, 무취, 살균력이 강하고 단백질을 응고시킨다.
- 살균력은 액의 온도가 높을수록 강하다.
- 금속을 부식시키며 독성이 강하다.
- 내부까지 약액이 미치지 않아 완전한 소독을 할 수 없다.

소듐 하이포-클로라이트	0.5%	가 루	비누로 손 세척 후 손 헹굼
클레졸	3%	액 상	작업대, 바닥, 화장실, 욕조 등에 세척

(특징)
- 크레졸 비누액 3에 물 97의 비율로 비누액을 만들어 사용한다.
- 소독력이 강하며 석탄산에 배해 2배 소독효과 크고 피부 자극성이 없다.
- 바이러스에 효과가 적다
- 시간이 경과됨에 따라 점차 갈색으로 착색되며 변색이 쉬어 어두운 곳에 보관한다.

페놀(석탄산)	3% 용액	액 상	작업대, 바닥, 화장실, 욕조세척 ,객담, 솔, 고무, 용기, 의류

(특징)
- 알코올과 혼합하면 소독력이 저하되고, 식염을 첨가하면 소독력이 증가된다. 고온에서는 소독력이 증가된다.
- 살균력이 강하고 고온일수록 소독효과가 크며, 유기물에도 효과, 모든 균에 효과가 있다.
- 값이 저렴, 안전적이며 사용범위가 넓다.
- 피부점막에 자극을 주며 금속을 부식, 취기와 독성이 강한 단점을 가지고 있다.

살롱에서 주로 사용되는 방부제(antiseptics)

소독/화학약품	농 도	액 상	사 용 효 과
보릭액시드	2.5%	액 상	눈 세척
요오드	2%	액 상	커트부위와 상처세척
하이드로겐-페록사이드	3%	액 상	부분적 커트 부위와 피부세척
알코올	60~70%	액 상	손 세척, 피부 소독
포르말린	5%	액 상	손 세척
클로라민-T	0.5%	흰정제(일반용)	피부 및 손 세척
소디움 하이포-크로라이트	0.5%	액상, 흰 정제	손 헹굼

살롱에서 주로 사용되는 소독제(disinfectants)

소독/화학약품	농 도	액 상	사 용 효 과
과망간산칼륨	0.1~0.5%	액 상	테이블
제4급 암모늄 복합체	1 : 1000용액	액상,정제	20분 이상
포드말린	0.5~1%	액 상	손 소독
알코올	60~70%	액 상	피부나, 손 소독 10분 이상
페놀(석탄산)	2%	액 상	손 소독
크레졸	1%	액 상	손 소독

방부제(summarh of antiseptics)

소독/화학약품	농도	액상	사용효과
머큐롬	2%	액상	자상, 찰과상, 상처소독
머티오레이트(merthiolate)	1%	액상	자상, 찰과상, 상처소독
붕산	5%	용제	눈, 눈 주의 부분적 세척 (점안기와 함께 이용)
과산화수소(옥시풀)	2.5~3.5%	액상	창상, 구내염, 인두염, 입안세척
클로라젠	1%	정제 파우더	가벼운 감염부위, 손 세척
포르말린	1~2%	액상	테이블, 세면대
알코올(이소프로필)	60~70%	액상	손 씻기, 긁힌 피부 부위
옥도정기	70% 알콜과 동일양 희석 요오드칼륨40g	액상	상처소독
머큐롬	2%	액상	자상, 찰과상, 상처소독

3. 네일샵 내 위생

많은 사람들이 동시에 이용하는 공간으로 청결과 위생 및 소독에 대한 강조는 헤어 분야, 피부 관리 분야 뿐만 아니라 네일 분야에서도 강조 되고 있다. 네일샵에서 사용되는 소독 방법은 건열, 습열, 자외선 소독, 화학제 등 다양한 방법으로 사용하고 있으며, 네일샵 내부는 물론 기기, 작업장, 사용도구 등을 최대한 깨끗하게 처리하고 소독하여 항상 청결히 유지함으로써 고객과 종업원의 건강을 위하는 것이 중요하다. 소독제는 포름알데히드, 알코올, 암모니아 제4화합물, 소듐하이포클로라이트, 크레졸, 페놀 등을 사용할 수 있으나, 네일을 위한 전문 소독제가 선진국에서는 생산되고 있다. 소독기로는 건·습식용 및 전기식 방법에 의한 기구 등이 있다.

(1) 네일샵

- 작업 공간은 조도가 좋고 온·냉방이 되어야 하며 환기가 잘 되어야 한다.
  폴리쉬, 아크릴릭 파우더의 냄새뿐만 아니라, 파일링 후에 생기는 분진과 먼지가 많으므로 네일샵에서의 환기는 매우 중요하다. 작업대 밑에 팁 분진을 제거 할 수 있게 국소 환기장치를 설치하도록 한다.
- 벽, 천장, 바닥과 작업장, 진열장, 기구 등은 먼지가 묻지 않게 해야 하며 이것들은 세척이 가능한 재질이어야 한다.
- 작업장은 조도가 높고, 냉·난방 시설이 잘되고 환기가 잘되어야 한다.
- 타월은 청결해야 하며, 바닥에 떨어진 기구는 반드시 소독 후 사용한다.
- 화장실에는 온수와 냉수가 공급되어야 하며 액상비누, 종이타월 등을 갖춰야 한다.
- 냉·온 음료시설과 종이컵이 준비되어야 한다.
- 화학 성분이 들은 용액을 흘렸을 경우 즉시 닦는다.
- 전기 배선과 전열은 적절하고 안전하게 설치되어야 한다.
- 네일 작업 테이블은 정리 정돈이 잘 되어 있도록 한다.

도구, 기구, 재료 등의 준비가 이루어져 있어야 하며, 작업이 끝난 후에는 다시 정리하여 다음 고객을 위한 준비를 갖추어야 한다. 테이블 옆에 매달아 놓은 비닐 봉투에 쓰레기가 차면 비닐 입구를 묶어서 뚜껑 있는 쓰레기통에 넣는다.

(2) 기구 및 도구류 소독

네일샵에서는 오염된 매니큐어 도구와 기구들이 주전염원이 되므로, 도구와 기구들의 철저한 소독이 필요하다. 박테리아와 다른 병원체는 더러워진 파일(file), 큐티클 니퍼(cuticle nipper), 매니큐어 테이블, 쓰레기통, 타월 등에서 빠르게 확산된다. 그러므로 모든 기구는 소독해서 사용해야 하며, 사용하기 전에도 반드시 소독한 후 사용한다. 더러워진 도구는 사용 후 즉시 매니큐어 테이블 위에서 치우도록 한다. 바닥에 떨어진 도구는 반드시 소독을 하기 전에는 다시 사용하지 않는다.

1) 니퍼(nippers), 메탈 퓨셔(metal pusher)

금속제품은 사용 후 70% 알코올에 20분 이상 담근 후 흐르는 물에 헹군 다음 마른 헝겊에 닦은 후 자외선 소독기에 넣어두어 사용하거나, 제4기 암모늄 화합물 등의 소독제가 든 용기 속에 담그었다가 사용 직전 꺼내 쓴다.

2) 파일(file)

- 일회용이나 개인용품은 고객의 이름을 붙여 개인에게만 사용한다. 만일 공용으로 사용할 경우 파일 표면에 균이나 오염 물질이 있어 다른 사람에게 직접적으로 균을 전파시킬 수 있어 다른 사람이 사용한 제품은 다음 고객이 사용하지 않도록 한다.
- 비닐봉지나 종이 백에 넣어 고객의 이름을 기입한 라벨을 부착하여 고객 개인 소지품 서랍장을 만들어 그 고걱이 방문할 때 다시 사용할 수 있도록 한다.

3) 핑거 볼(finger bowl)

핑거볼은 가능한 각 개인이 따로 사용할 수 있도록 일회용을 사용하는 것을 권장하고 플라스틱용기를 사용한 경우에는 세제를 푼 미온수로 닦아서 말린 후 소독과정을 거쳐 사용한다.

4) 린넨과 타월

린넨과 타월은 항상 깨끗해야 하며 1회용으로만 사용하고 소독 세탁한다.

5) 발 관리 베드

- 고객이 시술한 후에 사용한 타월을 뚜껑이 달린 세탁물 통에 넣는다.
- 베드 겉면과 베드 위에 깔아 놓은 비닐 등은 70% 알코올을 사용하여 닦는다.
- 베드 팔걸이와 다리 등도 먼지들이 쌓이거나 크림 등으로 더러워지지 않도록 항균 세제로 닦은 후 70% 알코올 솜으로 닦아낸다.

6) 족탕기, 각탕기, 스파 및 세면대

- 고객마다 항상 새로운 물을 공급한다.
- 고객이 사용 후 세제로 닦은 후 건조시켜 사용한다. 만일 건조시키지 못하는 경우에 70% 알코올로 닦은 후에 사용한다.

7) 콘 커터(corn cutter)

- 면도날은 고객이 사용할 때마다 새로운 것으로 교환해야 한다. 작은 상처를 통해 균이 침입을 할 수 있으며 반대로 환자의 피가 묻어져 있는 경우 관리사 자신뿐만 아니라 다른 고객에게도 질병을 전염시킬 수 있다.
- 사용 후 미온수에 세제를 풀어 솔로 닦은 후 물에 잘 헹구어 물기를 제거한다. 70% 알코올이 담긴 통에 20분 간 담근 후 물기를 완전히 제거한 후 자외선 소독기에 보관한다.

8) 지압봉

- 개인용 사용이 원칙이다.
- 락스 물과 1 : 10의 비율로 만들어 20분간 담근 후 흐르는 물에 헹구어 타월로 닦고 통풍이 잘 되는 그늘진 곳에서 말린다.

9) 발 관리 특수 기계류

- 기계류는 항상 청결한 상태를 유지하며 사용하지 않을 시 덮개를 덮어두고, 기계에 따라, 사용 설명서에 따라 적합하게 소독을 한다.
- 모든 도구나 기자재는 사용 후 브러시를 사용하여 깨끗이 세척한 다음, 70% 알코올에 담그거나 닦은 후 자외선 소독기에 넣어 보관한다.
- 기계류를 사용할 때에는 오염 물질이 주변 바닥에 떨어지지 않도록 청결에 유의한다.

(3) 위생관리

- 매일 깨끗하게 세탁한 청결한 유니폼을 입도록 하며 손을 항상 청결하게 한다.
- 크림과 다른 연고성분 물질은 소독된 스파츌라를 사용하여 필요한 양만 용기에 담아 사용한다.
- 로션이나 수액제는 전용 용기에 담고, 면봉을 이용하여 발라준다.
- 화학물질을 사용하는 동안 피부나 눈을 만지거나 닿지 않도록 주의한다.
- 내용물에 표기가 되어 있지 않은 용기의 용액은 사용하지 말아야 하며, 어떤 화학물질인지 모르는 것은 폐기한다.
- 화학물질 사용 후에 항상 손을 깨끗이 씻는다.
- 모든 용기에는 내용물에 대해 표기하여 라벨을 부착하고, 라벨이 부착되지 않는 것은 내용물은 사용하지 않는다.
- 흘린 화학제품은 바로 닦아낸다.
- 질병 전염의 주 오염원은 다음과 같으므로 이에 대한 위생관리가 필요하다.

① 고객의 손 질환에 감염된 고객을 시술하게 되면 시술자 자신도 감염 위험에 처하게 된다. 인조 팁을 붙일 때 자연 네일과 그 위에 새로 시술하여 올라간 인조 팁 사이에 병원체가 끼일 수도 있다.
② 고객과 종업원 중에 기침, 코 막힘, 콧물 증상 박테리아나 바이러스 등에 감염된 것으로 간주한다.
③ 궤양, 개방된 상처를 통해 이 사람에서 다른 사람에게로 감염된 삼출액을 통해 병원균을 옮길 수 있다.
④ 네일샵 내에 있는 물건 전체 병원체는 의자, 전화, 테이블, 타월, 병, 브러시 등 관리실 내 공기에 노출되어진 모든 물건에 존재한다. 개수구 뿐만 아니라 문의 손잡이에도 존재한다.

- 네일 아티스트는 자신과 고객을 감염원으로부터 보호할 책임이 있다.
  그러므로 다음과 같이 감염에 대해 대처한다.

① 소독 절차에 대해서 정확히 배우며 시행해야 한다.
② 전염이 된 상태에서는 시술하지 않는다.
③ 창상인 경우는 시술하지 않으며, 전문의에게 의뢰한다.
④ 상처 원인을 제공하지 않도록 한다.

4. 네일샵 비즈니스

네일샵은 운영함에 있어서 먼저 영업 형태와 어떻게 고객을 확보할 것이며 네일 미용 서비스와 제품 판매 및 네일샵의 전반적인 업무 및 마케팅을 공부하여 성공적인 경영의 목적을 이루어야 할 것이다.

(1) 영업형태

1) 로드샵(개인샵, 단독샵)

- 일반 상권에 있는 샵
- 쇼핑몰 안에 있는 샵
- 백화점 안에 있는 샵

2) 샵 인 샵(shop in shop)

대부분 미용실이나 찜질방 또는 카페 내에 소규모로 창업한 형태를 말한다. 로드샵보다 창업비용이 저렴하다.

(2) 고객확보

편안한 시설과 여러 가지 다양한 네일 서비스를 제공함으로써 고객이 샵에 와서 편안하고 만족감을 느낄 수 있도록 노력한다.

(3) 고객관리 기록

서비스가 끝나면 고객에게 어떠한 시술을 했고 제품판매 유무와 고객의 기호, 네일서비스의 종류, 날짜, 금액 등을 기본적인 사항을 기록한다. 고객의 기호를 완벽하게 이해함으로써 고객에게 충분히 만족할 수 있는 서비스를 제공했다면 그 고객은 평생 고객이 될 수 있을 것이다.

(4) 재고 조사

매일 시술과 판매가 이루어지기 때문에 필요한 제품 주문과 재고 분량을 확실히 파악하여 시술과 판매 차질이 없도록 한다.

(5) 예약 접수

예약 받을 시 고객의 성명, 연락처, 고객이 어떤 서비스를 원하는지 여부, 시간, 날짜를 접수한 다음 예약시간을 조정한다.

(6) 네일 아티스트의 자세

예의 바르고 상냥하게 성실하게 행동하고 약속을 지키며 항상 창의적으로 연구하는 자세를 잊지 말아야한다.

고객 건강/서비스 기록카드

VIP NO ____________________

성 명		생년월일	(음. 양)	결혼여부	미혼, 기혼	기념일
직장명		직장주소				
집주소						
집 ☏		휴대폰		우편물수령장소	집( ). 직장( )	

고객의 인적사항
하고 계신 운동이 있으십니까?
집안일은 고무장갑을 끼고 하십니까?
얼마나 자주 네일서비스를 받고 계십니까?
고객의 의료 기록(다음의 질병이 있는지요?)

관절염	예, 아니요	암	예, 아니요	당뇨	예, 아니요
심장질환	예, 아니요	고혈압	예, 아니요	알레르기	예, 아니요

위 질환중 치료중인 질병이 있으십니까?
그 밖에 본인이 가지고 있는 피부질환이 있으십니까?
기타고객관련사항

고객이 좋아하는 폴리쉬 색은?	①	②	③

방문날짜	시술내용	가 격	비 고

chapter 03

손톱과 손톱 질환

손톱은 출생 9개월 때 형성되며 경 케라틴이라는 단백질로 구성되어 있으며 7~10% 정도의 수분을 함유하고, 피부나 모발의 케라틴보다 훨씬 단단하다. 지질성분은 각질층보다 적으며 습기와 광택 상태를 유지하게 된다. 손톱은 피부의 부속기관이며 피부의 연장이라 할 수 있다. 정상적인 손발톱은 하루 0.1mm 자라며, 한 달 평균 3~4mm정도 성장하므로 완전교체기간은 6개월 정도 걸린다.

만약 인체의 어느 부분이 이상이 생기면 손톱에도 이상 상태가 나타나는 경우가 있다. 고객에게 전문적인 시술을 하려면 손톱의 구조와 기능 그리고 손톱에 나타날 수 있는 질병에 대한 전문지식을 쌓아야 한다. 강한 손톱은 일반적으로 표면이 매끄럽고 광택이 있으며 연한 핑크빛을 띤다. 손톱이 갈라지거나 잘 부러진다면 비타민 부족, 신진대사 장애, 내분 기관장애, 단백질과 칼슘 부족이 원인이 된다.

1. 손톱

(1) 손톱의 구조

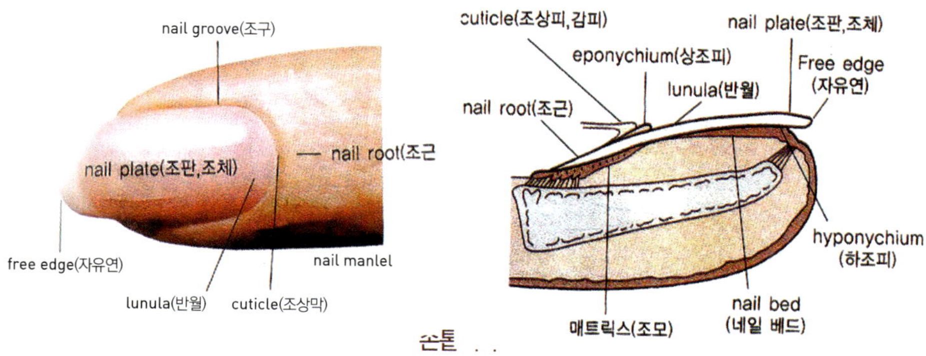

손톱 . .

1) 손톱 자체

- 네일루트(nail root : 조근)– 손톱이 자라기 시작하는 부분으로 손톱의 근원이며 피부 밑에 묻혀있는 조근은 새로운 세포가 만들어져서 성장이 시작되는 곳이다. 네일 베드의 모세혈관으로부터 산소를 공급받는다.
- 네일바디(nail body : 조체, 조판)– 손톱의 본체, 신경이나 혈관은 없다. 네일베드의 보호 작용을 하며 손톱의 아랫부분은 연약하고 윗부분으로 갈수록 강하다.

2) 손톱 밑

- 네일베드(nail bed : 조상)– 네일바디 밑에 위치하여 혈관과 신경이 분포되어 있어 손톱이 자라는 영양분을 공급과 신진대사를 관여한다.
- 매트릭스(nail matrix : 조모)– 림프관, 혈관, 신경이 분포하고 있으며 손톱의 각질세포를 생산하고 성장을 조정한다. 손톱 중에서 가장 민감한 부분이다. 이곳에 손상이 있을 때 손톱 성장에 불균형하고 비정상적으로 자랄 수 있으므로 주의하여야 한다.
- 루눌라(nail lunula : 조발원) – 완전히 케라틴화 되지 않은 큐티클 밑에 있는 하얀 반달모양

3) 손톱 주위의 피부

- 큐티클(cuticle : 조상피)– 손톱의 주의를 덮고 있는 피부, 건강한 큐티클은 수분 및 탄력이 있다.
- 네일폴드(nail fold)– 네일루트가 묻혀있는 손톱 베이스에서 깊이 접혀 있는 피부
- 네일구르브(nail groove : 조구)– 손톱을 따라 자라는 네일베드의 양 측면에 패인 홈
- 에포니키움(eponychium : 상조피)– 손톱 베이스에 있는 가는 선의 피부, 네일 웰에서 플레이트로 뻗어 있다.
- 파로니키움(paronychium : 조상연)– 손톱전체를 둘러싼 피부의 가장자리 부분
- 하이포니키움(hyponchium : 하조피)– 프리엣지 밑의 피부, 박테리아의 침입으로부터 손톱을 보호
- 네일웰(nail wall : 조벽)– 손톱 양 측면에 있는 피부, 손톱과 뿌리 부분을 밀착 보호하기 위해 있으며 이곳이 손상되면 기형 및 성장이 멈춘다.

(2) 건강한 손톱

1) 손톱이 네일베드에 강하게 밀착되어 있어야 한다.
2) 단단하고 탄력이 있어야 하며 12%~18% 정도의 수분량 보유
3) 네일바디에 결이 없이 매끄럽고 윤기가 있어야 한다.
4) 핑크 빛을 띄고 있으며 둥근 모양의 아치형을 형성하고 있다.
5) 세균이 감염되지 않은 상태여야 한다.

(3) 손톱의 성장

1) 매트릭스에서 손톱의 세포를 생산하여 성장한다.
2) 한 달에 3~4mm 정도 자라며 하루에 0.1mm 정도 자라는데 이는 나이와 건강상태, 계절에 따라 약간의 차이가 있다. 엄지손톱의 성장이 가장 느리고 중지손톱의 성장이 가장 빠르며, 손톱이 빠지면 다시 자라는데 약 4~6개월 정도가 소요된다. 발톱의 1/2 정도 느리게 자란다.

(4) 손톱의 특성

1) 아미노산과 시스테인이 많이 포함되어 있다.
2) 대략 12~18%의 수분을 함유하고 있다.
3) 손톱의 경도는 손톱에 함유된 수분의 양이나 각질 조성에 따라 다르다.
4) 네일 바디는 산소를 필요로 하지 않으나 큐티클과 네일 루트는 산소를 필요로 하며 네일베드의 혈관으로부터 산소를 공급받는다.
5) 손톱은 피부의 일부로 머리카락과 같은 단백질과 케라틴으로 만들어져 있으나 이미 손상이 있는 곳에 영양분을 공급한다고 해서 회복되는 것은 아니다.
6) 손톱의 형상은 사람에 따라 다를 뿐만 아니라 성질도 다르다.

(5) 손톱의 역할

1) 손끝. 발끝을 보호
2) 물건을 잡거나 긁을 때 또는 성상을 구별하는 기능
3) 방어와 공격의 기능
4) 장식적 기능

2. 손톱의 질환

시술자는 손톱의 비정상적인 상태에 대한 전문적인 지식을 가지고 있어야 하며 고객의 손톱상태를 보고 고객에게 의사에게 갈 것을 권유하거나 미용적인 방법으로 비정상적인 손톱을 교정해 줌으로써 고객의 손톱을 아름답게 할 것인가를 결정할 수 있어야 한다.

(1) 시술 가능한 손톱

손톱에 인위적인 충격이 가해지나 질병에 의해 기형인 손톱이 된 경우로 네일 서비스를 받아 정상적인 손톱으로 보이게 할 수 있다.

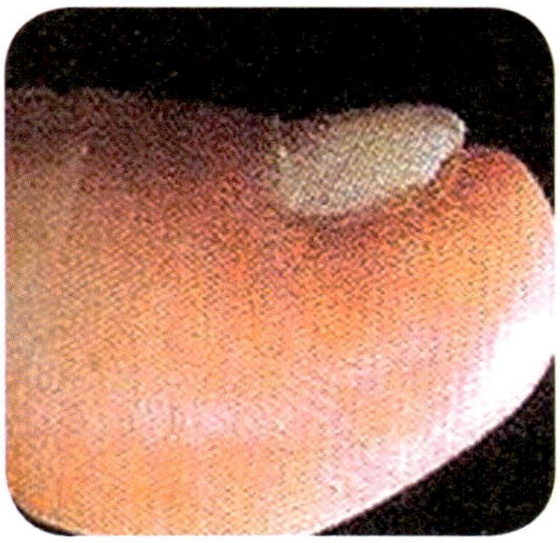

오니콕시스 또는 하이퍼트로피

Onychauxis, hypertrophy(조갑 비대증)
손톱이 과잉 성장하여 비정상적으로 두꺼워진다. 부드러운 파일로 파일링하여 효과를 볼 수 있다.

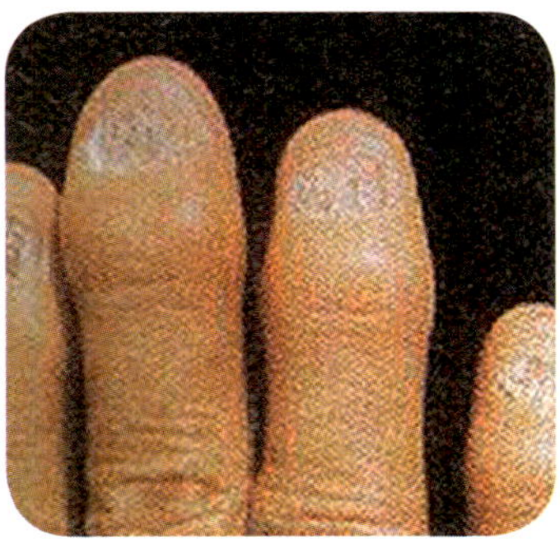

오니켓트로피아 또는 아트로피

Onychatrophia/Atrophy(조갑위축증)
손톱이 없어지는 경우로 손톱의 광택이 없어지고 오므라들며 떨어져나간다. 매트릭스에 손상을 입었거나 내과적 질병에 의해 생기는데 내과적 질환으로 발생된 것이며 내과적 치료가 끝나면 다시 정상적으로 자란다. 푸셔를 강하게 사용해선 안 되며 알카리성 세제를 사용해서도 안 된다.

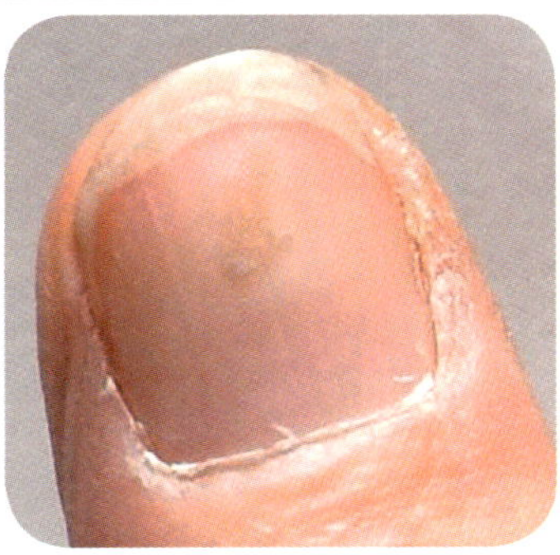

행네일

Hang nails(거스러미 손톱)
큐티클 또는 큐티클 주위의 살이 너무 건조하거나 큐티클을 너무 짧게 손톱을 잘못 잘랐을 때 생길 수 있다. 또는 비누, 합성세제, 화학제에 의해 건조해진다. 큐티클 오일을 자주 발라주거나 따뜻한 오일에 손을 담그면 좋아진다.

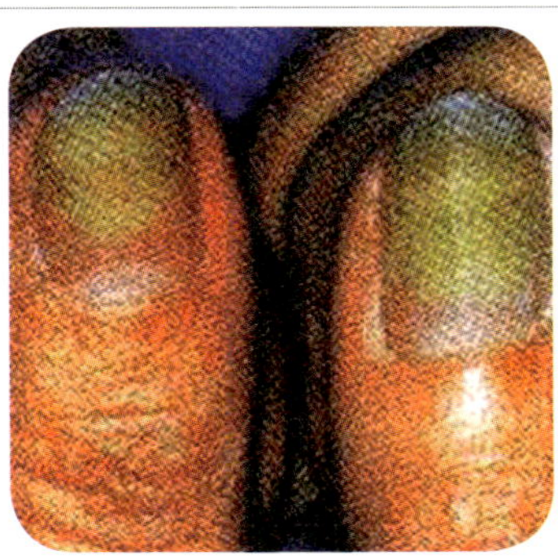

변색된 손톱

Discolored nail
폴리쉬를 바르지 않았는데도 손톱의 색상이 황색, 푸른색, 검푸른색, 자색 등의 색상을 나타낸다. 혈액순환이나 심장상태, 일반적인 치료나 구강치료를 받았을 때 일어난다. 네일 팁이나 폴리쉬를 발라 상태를 감출 수 있다.

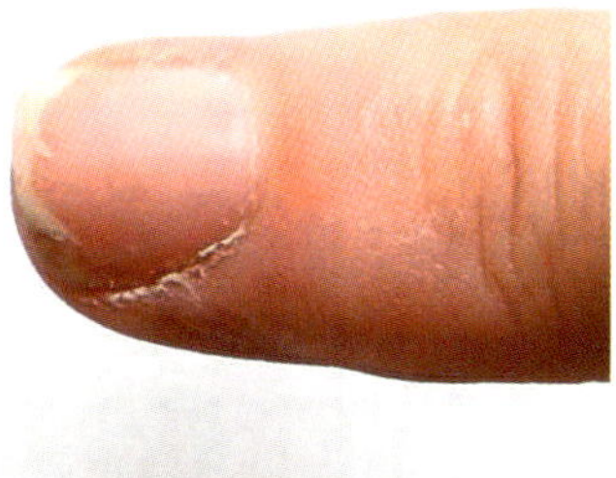	에그쉘 네일 계란껍질손톱, 희고 얇으며 프리엣지가 휘어져 있다. 영양상태가 적합하지 못하며 내과적 질병, 신경계의 이상으로 발생한다. 약한 파일을 사용하고 푸셔 이용 시에 힘을 빼고 조심스럽게 시술한다.
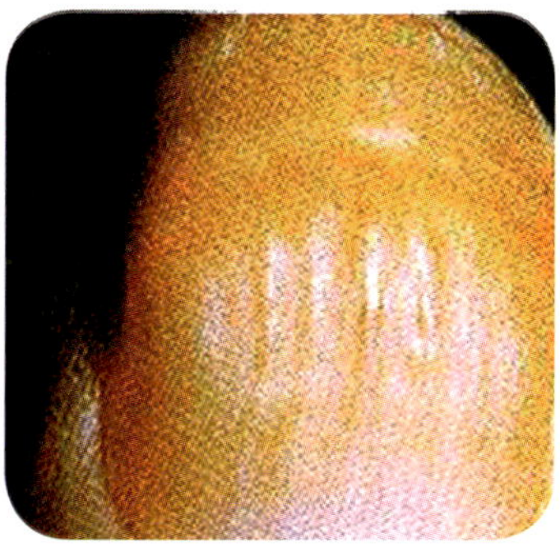	퍼로우 또는 컬루제이션 **Furrow, corrugations**(고랑파진 손톱) 세로나 가로로 골이 파진 손톱, 순환기계통의 이상이나 동상으로 인해 생길 수 있다. 네일베드까지 골이 있는 경우 신진대사가 원활치 않으며 손톱에만 있는 경우 위장에 이상이 있는것이며 가로줄의 골은 고열, 임신, 홍열, 체내의 아연질 부족으로 생긴다. 네일 서비스를 받아야 감출 수 있다.
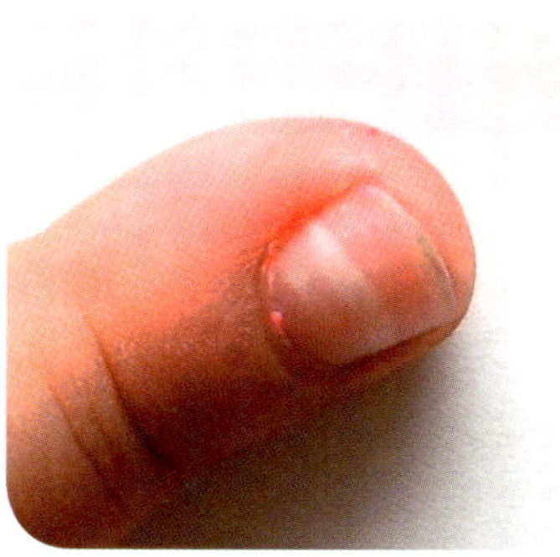	로코니키아 **Leuconychia**(흰색반점) 손톱에 하얀 반점이 있는 경우이며 유전적인 요인이나 어떠한 충격이 가해졌을 때 생긴다. 케라틴화가 덜된 미세한 공기주머니가 떨어져서 생긴 것이며 손톱이 자라면 잘라내거나 폴리쉬를 칠하여 감추도록 한다.
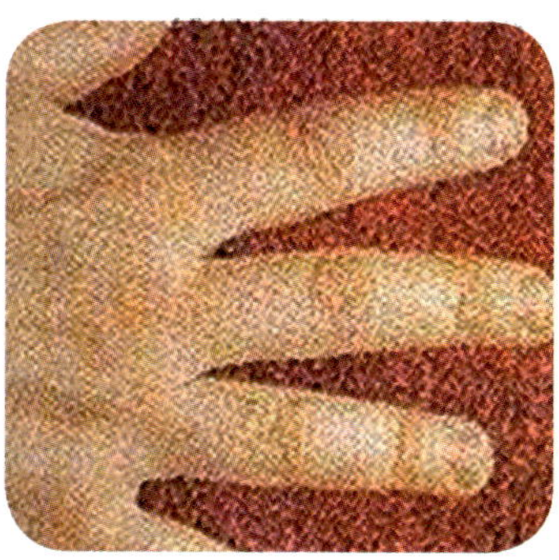	오니코파지 손톱을 물어뜯는 것을 말하며 불안과 초조감에서 오는 행동으로서 버릇을 고치면 좋아지지만 그렇지 못하면 인위적인 방법으로 인조손톱이나 매니큐어링하면 고칠 수 있다.

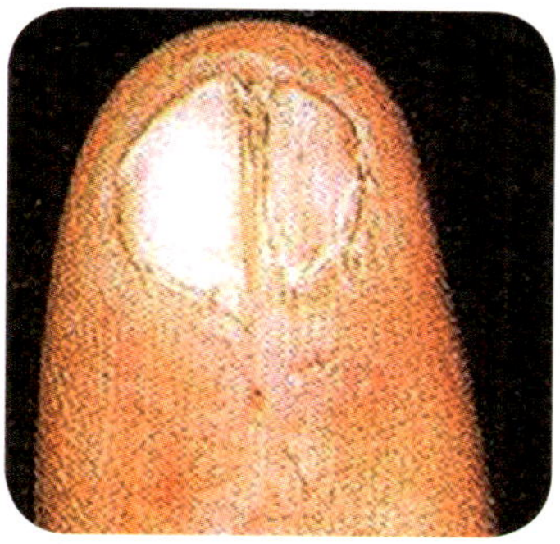

오니코렉시스

Onychorrhehexis(조갑종렬증)
손톱이 갈라지거나 부서지는 형상으로 세로의 골이 파져 있다. 폴리쉬 리무버나 솔벤트가 많이 들어 있는 제품을 사용해서 생길 수도 있으며 위가 좋지 않아도 생길 수 있다.

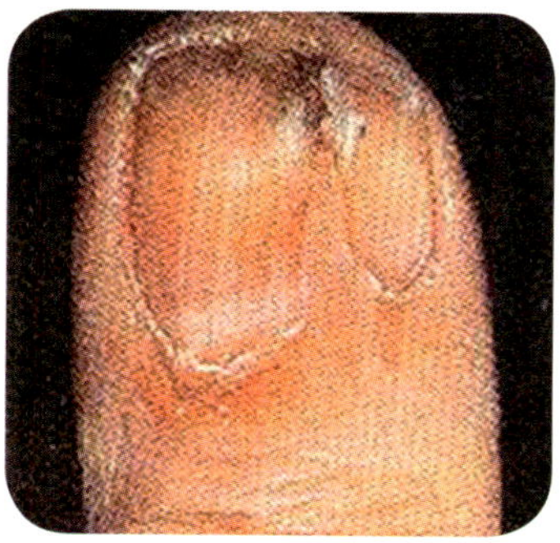

테리지움

Pterygium(조갑익상편)
큐티클이 과잉 성장하여 손톱위로 자라는 것을 말하며 지속적으로 관리를 받아야 한다. 지속적으로 관리하지 않으면 큐티클이 프리엣지까지 내려온다.

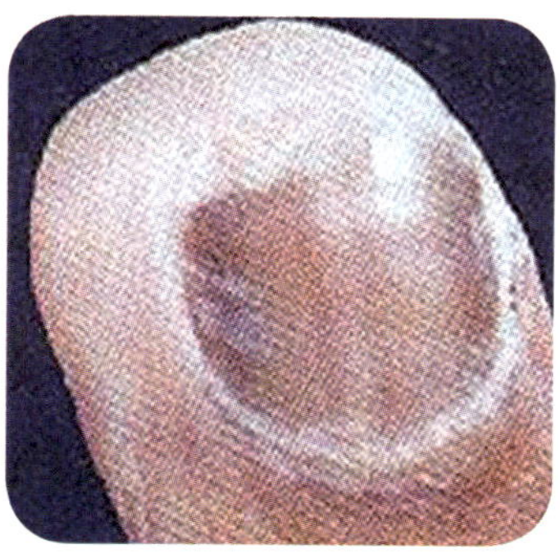

니버스

Nevus(조만, 검은반점)
손톱에 밤색이나 검은 색상으로 얼룩이 있는 것으로 멜라닌 색소가 색소가 착색되어 생긴 것으로 볼 수 있다. 폴리쉬나 네일 팁으로 감출 수 있다.

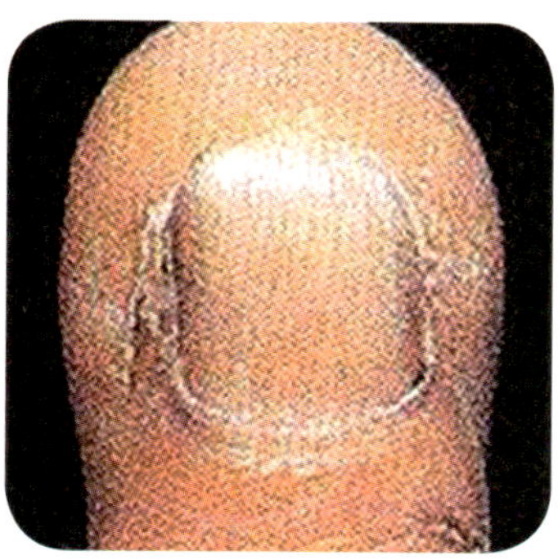

오니코립토시스 또는 인그로운 네일

Onychoccryptosis, Ingrown nail(조내생증)
손톱이나 발톱의 구르브를 파고들며 자라는 것을 말한다. 이런 현상은 발톱에서 가장 많이 볼 수 있으며 파일을 잘못 사용하였거나 발에 맞지 않는 신발을 신었을 때 생길 수 있다. 발톱에 생겼을 때는 파고드는 발톱의 구루브에 솜을 끼워주고 생활하다가 어느 정도 자라면 네모난 모양으로 쉐입을 잡는다.

(2) 시술이 불가능한 손톱

손톱에 질병이 있어 네일 서비스를 해서는 안 되는 경우이다. 의사와 상의하도록 권유하여야 한다.

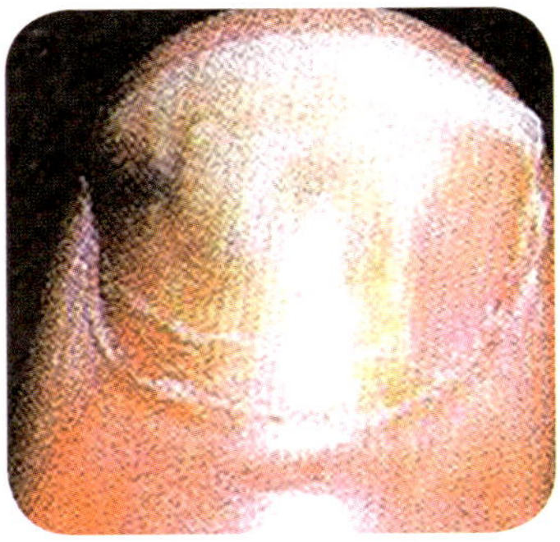

네일몰드

Nail mold

자연손톱과 인조손톱 사이에 습기가 스며들거나 팁을 붙일 때 공기가 들어가는 경우 생길 수 있는 일종의 진균염증 상태로 곰팡이다. 처음엔 노란색과 연두색을 띠다가 검정색으로 변하고 물렁해지고 냄새가 나며 손톱이 빠질 수도 있다. 발견 즉시 인조손톱을 제거하고 약을 바른다.

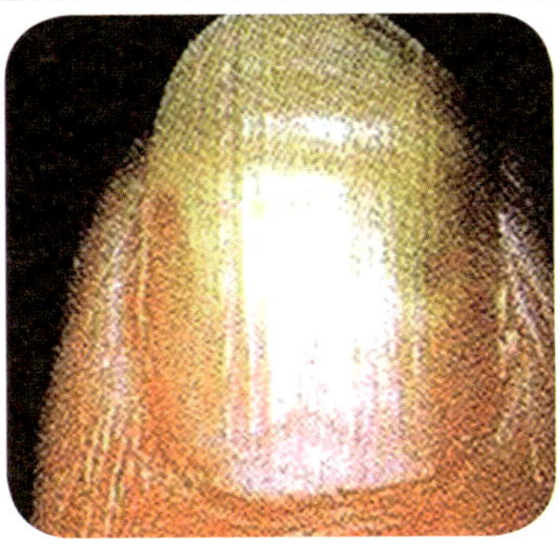

오니키아

Onychia

손톱 밑에 살이 감염되어 붉어지거나 고름이 생긴 경우로 네일도구를 위생처리 하지 않고 사용했을 때 발생한다.

오니코그라이포시스

Onychogryphosis(조갑구만증)

손톱이 두꺼워지며 구부러지고 때로는 손가락이나 발가락 끝까지 확장된다. 특히 발가락에 잘생기고 염증이 일으켜 통증이 생긴다.

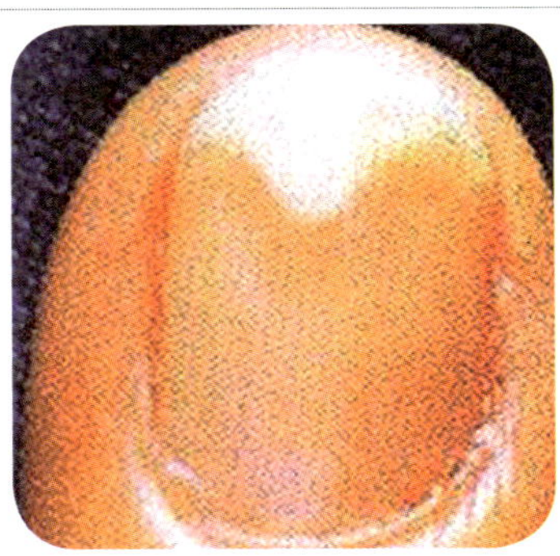

오니코리시스

Onycholysis(조갑박리증)

프리엣지에서 시작하여 손톱과 네일베드 사이로 점차 루놀라까지 색이 변하는 현상으로 내과적 질병이나 외상, 감염 혹은 약물치료로 인해 생길 수 있다.

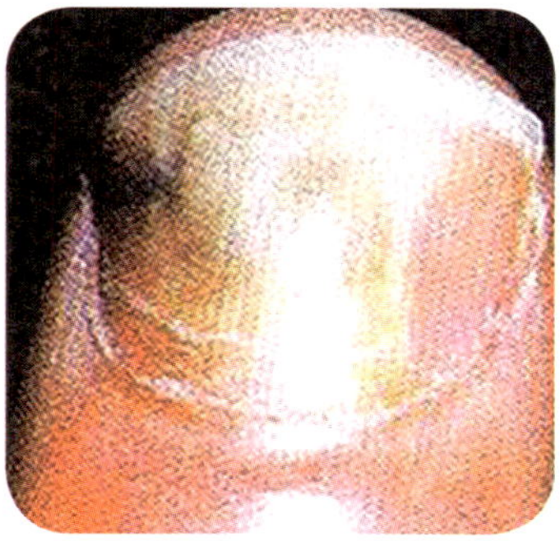	네일몰드 **Nail mold** 자연손톱과 인조손톱 사이에 습기가 스며들거나 팁을 붙일 때 공기가 들어가는 경우 생길 수 있는 일종의 진균염증 상태로 곰팡이다. 처음엔 노란색과 연두색을 띄다가 검정색으로 변하고 물렁해지고 냄새가 나며 손톱이 빠질 수도 있다. 발견 즉시 인조손톱을 제거하고 약을 바른다.
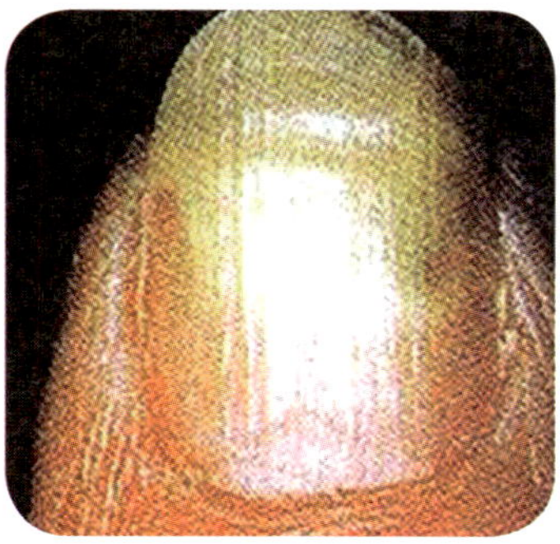	오니키아 **Onychia** 손톱 밑에 살이 감염되어 붉어지거나 고름이 생긴 경우로 네일도구를 위생처리 하지 않고 사용했을 때 발생한다.
	오니코그라이포시스 **Onychogryphosis**(조갑구만증) 손톱이 두꺼워지며 구부러지고 때로는 손가락이나 발가락 끝까지 확장된다. 특히 발가락에 잘생기고 염증이 일으켜 통증이 생긴다.
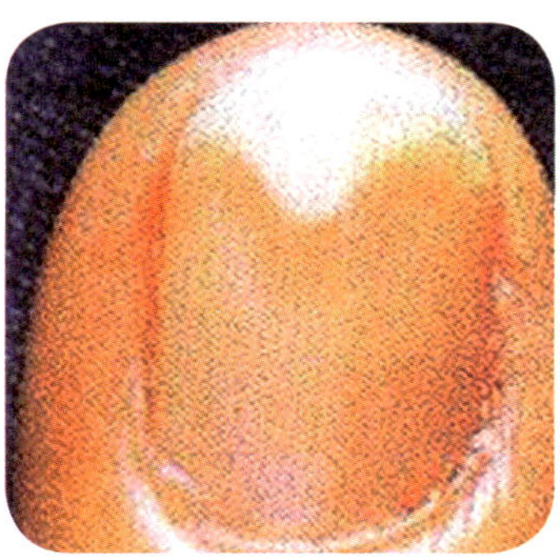	오니코리시스 **Onycholysis**(조갑박리증) 프리엣지에서 시작하여 손톱과 네일베드 사이로 점차 루놀라까지 색이 변하는 현상으로 내과적 질병이나 외상, 감염 혹은 약물치료로 인해 생길 수 있다.

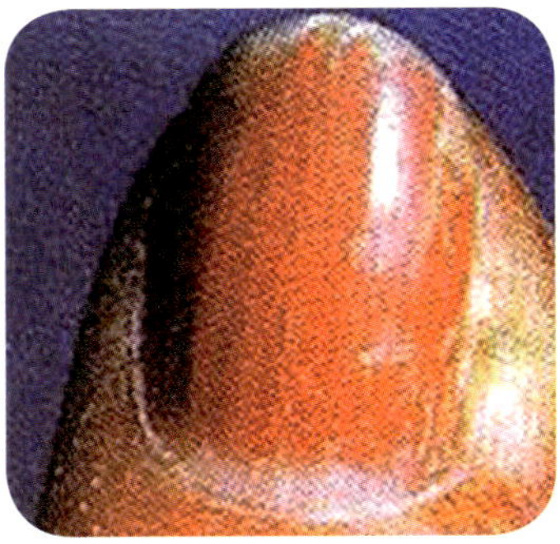

파로니키아

Paronychla

손톱 주위의 살이 박테리아 감염된 상태로 빨갛게 부어오르며 살이 물러진다. 소독이 덜된 도구를 사용했거나 큐티클 제거 시 피부를 잘라 상처가 났을 때 생길 수 있다.

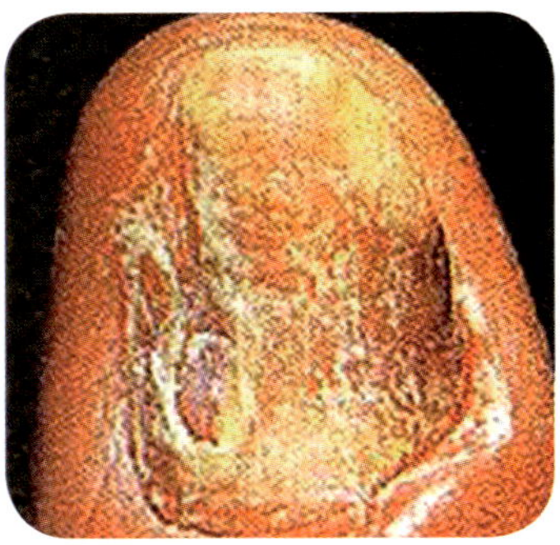

오니코마이코시스

Onychamycosis

진균류가 손톱의 하이포니키움 또는 프리엣지 부분으로 침투하여 네일 루트에 가지 확장하여 손톱의 성장을 억제한다.

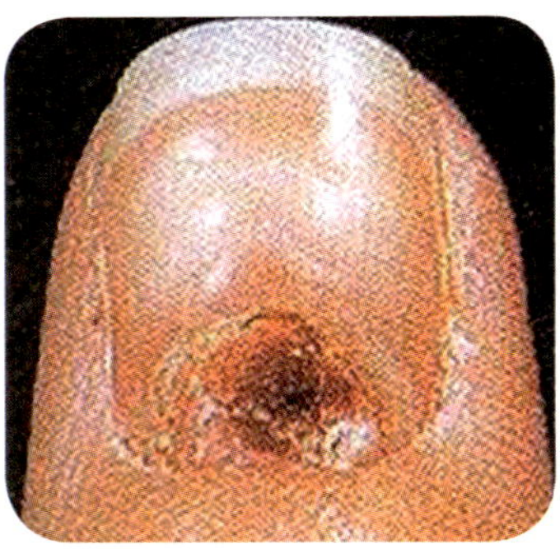

파이로제닉 그래뉴로마

Pyrogenic granuloma

상한 염증을 나타내며 네일 베드에서 네일 바디로 붉은 살이 자라 나온다.

chapter 04

네일 재료

(1) 큐티클 니퍼(Cuticle Nipper)

손톱 주위에 거스러미가 생긴 살을 제거할 때 사용한다.

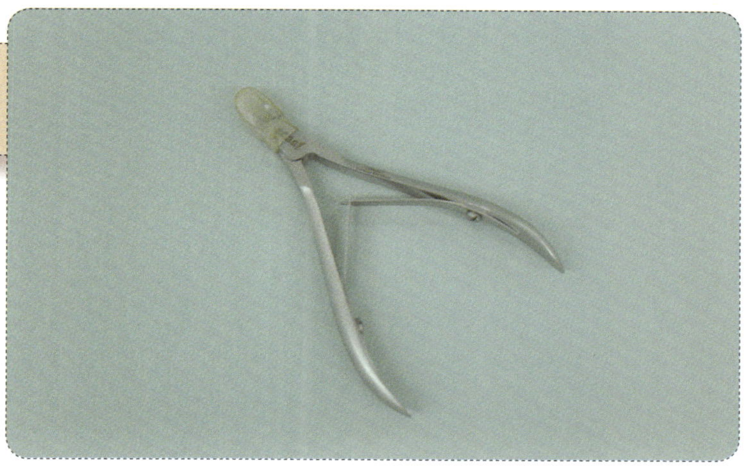

(2) 푸셔(Pusher)

푸셔는 메탈푸셔, 스톤푸셔 등이 있는데, 여러 가지 용도로 사용하는 오렌지 우드스틱도 푸셔의 기능을 한다. 메탈푸셔는 금속으로 되어 있으며, 스톤푸셔는 고운 돌성분으로 되어있다. 푸셔는 큐티클을 밀 때에 사용하며, 반드시 45도 각도로 비스듬히 세워서 손톱 표면이 상하지 않도록 주의하여 사용해야 한다.

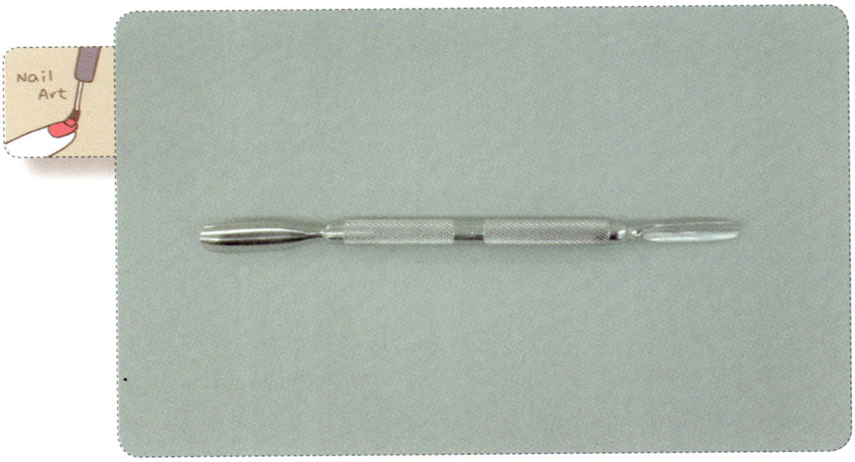

(3)오렌지 우드스틱(Orange Wood Stick)

오렌지 나무막대로 큐티클을 밀어주거나 다듬을 때, 또는 큐티클 주위의 오일이나 에나멜을 제거하거나 수정할 때 오렌지 우드스틱 끝에 솜을 말아 사용한다.

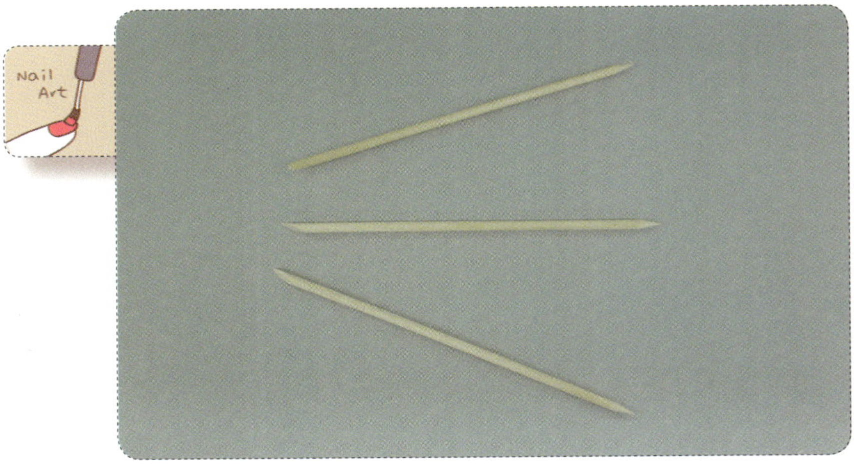

(4) 파일(File)

손톱의 모양을 만들거나 인조네일을 다듬을 때 사용한다. 그릿(Grit)이 클수록 입자가 가늘고 부드럽다. 보통 100그리트는 인조손톱에, 자연손톱은 150~180그리트를 사용한다.

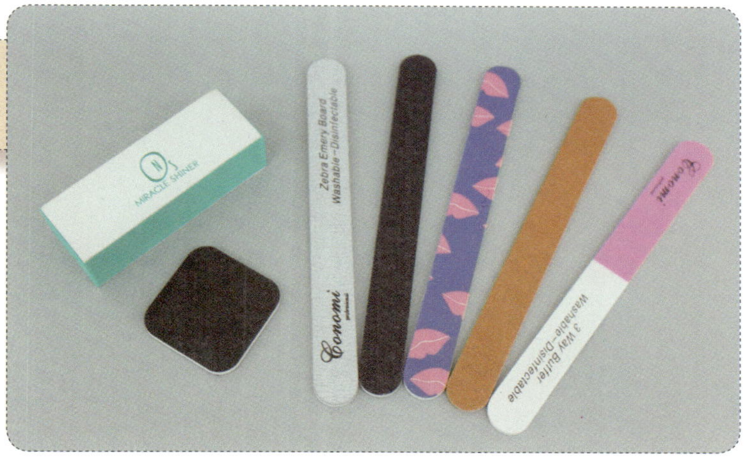

(5) 팁 커터기(Tip Cutter)

인조 팁을 잘라 길이를 조절할 때 사용한다.

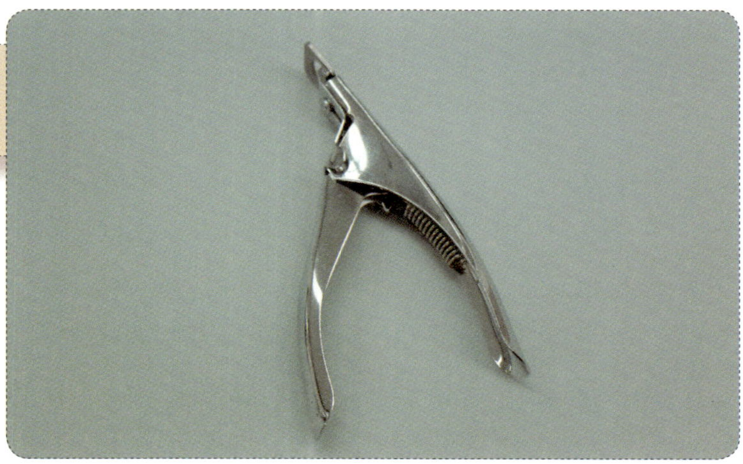

(6) 클리퍼(Nail Clipper)

자연손톱과 인조손톱을 잘라서 길이를 조절할 때 사용한다(실크나 아크릴 익스텐션을 커팅).

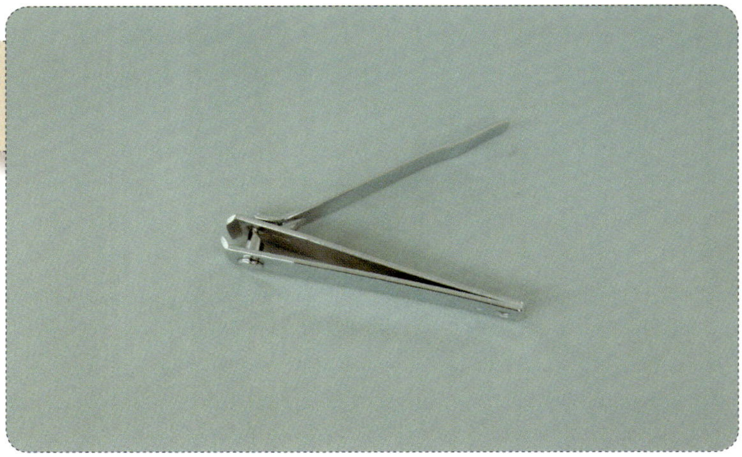

(7) 실크 가위

실크를 재단할 때 사용한다.

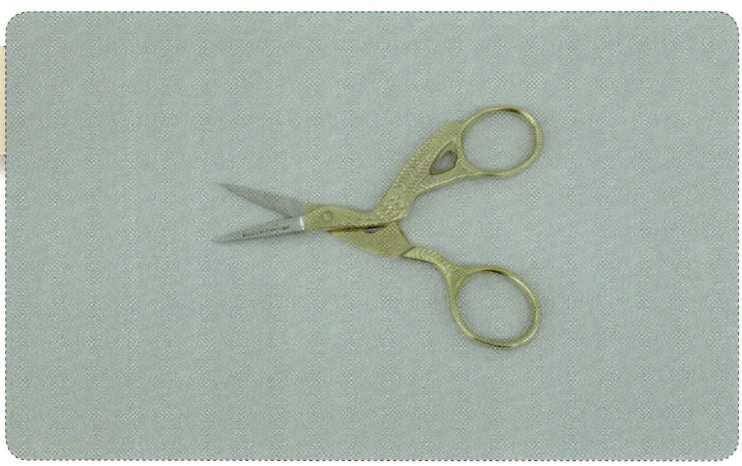

(8) 네일 브러시(Nail Brush)

파일링 후 생기는 먼지가루 등을 털어낼 때 사용한다. 솔, 더스트 브러시, 핸드 브러시라고도 한다.

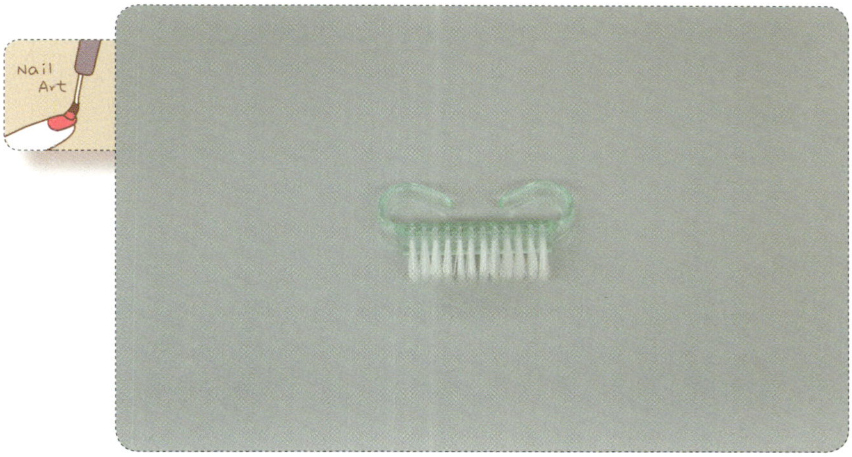

(9) 아크릴릭 브러시(Acrylic Brush)

아크릴릭 파우더로 볼을 만들어 인조손톱을 만들 때 사용한다.

(10) 3-Way

강도가 각기 다른 세 면을 가지고 있으며, 거친 면에서 부드러운 면의 순서로 사용한다. 재질은 합성수지이며 손톱 표면에 광택을 낼 때 비벼서 사용한다.

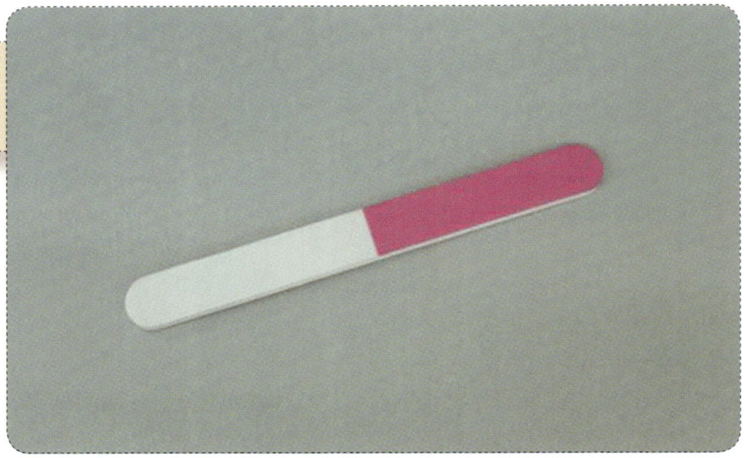

(11) 핑거볼(Finger Bowl)

습식 매니큐어를 시술할 때 손톱의 때를 제거하고, 손톱 주위의 굳은살을 연화하여 큐티클을 용이하게 제거하기 위해 미온수를 채운 후 손을 담가서 불릴 때 사용한다. 사용 후에는 깨끗하게 씻고 소독한다.

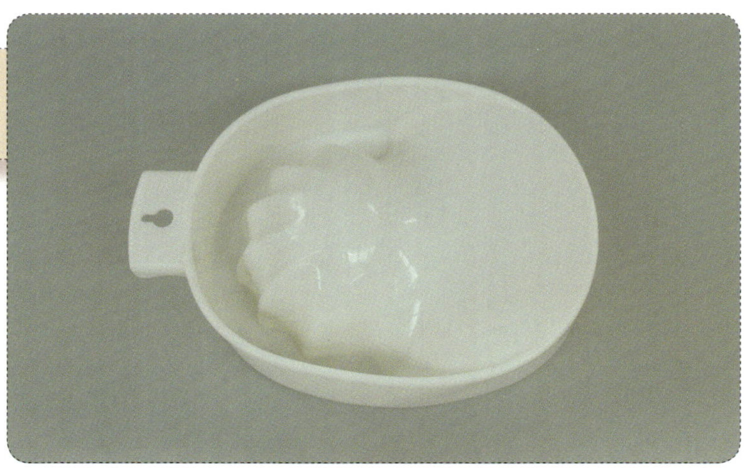

(12) 아크릴릭 폼지(Acrylic Form)

팁 없이 아크릴릭 파우더만을 가지고 네일을 연장할 때에 프리 엣지 부분에 대어서 사용하므로 일종의 받침대 역할을 하는 것이다. 시중에 일회용으로 된 종이 형태와 알루미늄 소재로 된 형태가 나와 있는데 스티커 모양으로 된 일회용 종이 형태의 제품이 사용하기에 편리하다.

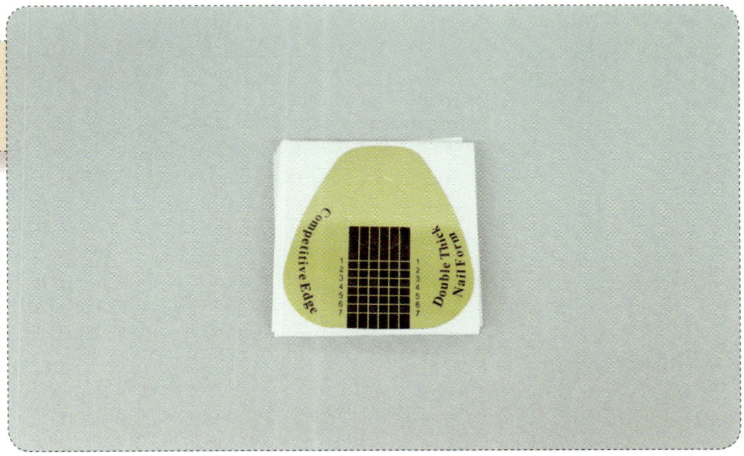

(13) 리무버용 디스펜서(Dispenser)

디스펜서는 사용하기 쉽도록 여러 가지 용액들을 담아두는 용기로, 리퀴드용·리무버용·로션용 · 알코올용 등의 용도로 사용된다. 재질로는 도자기와 플라스틱 두가지가 있다. 디스펜서는 빈번하게 사용하는 제품일 뿐만 아니라 독특한 용기의 디자인이 외형적인 멋을 더해 준다.

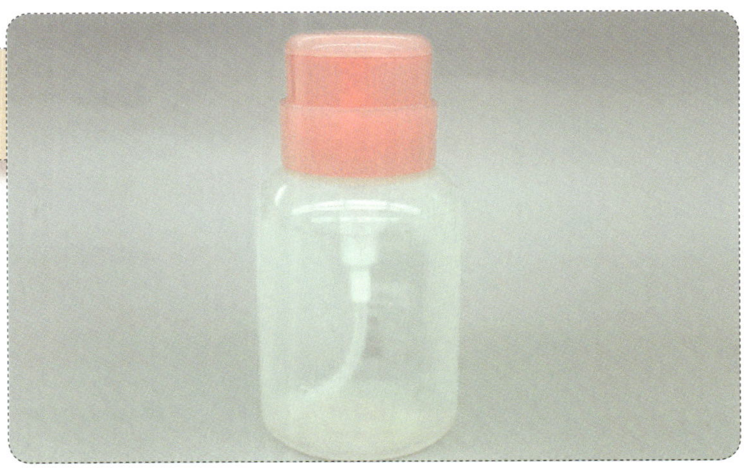

(14) 스파출라(Spatula)

마사지 크림 등을 덜어낼 때 사용한다. 덜어 낸 크림을 다시 용기에 넣거나 손으로 직접 떠서 사용하면 크림이 변질되기 쉬우므로 스파출라를 사용한다.

(15) 패디 파일(Pedi-file)

발바닥의 굳은살을 제거하거나, 크레도 사용 후 발바닥의 버핑을 위해 사용한다.

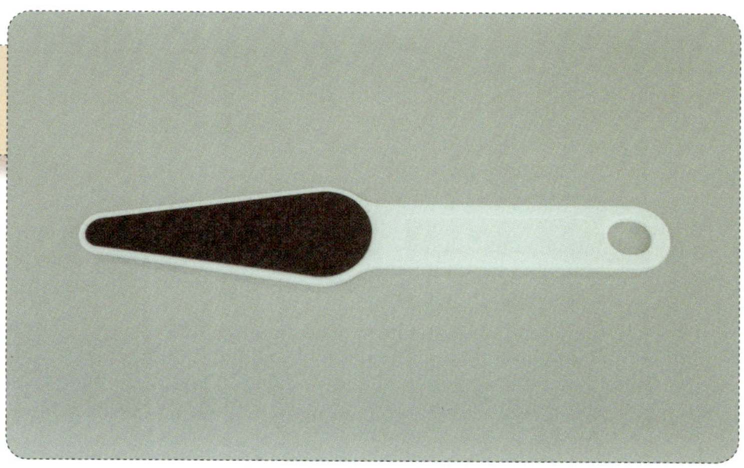

(16) 콘 커터(Corn Cutter)

발바닥의 굳은살 제거를 위한 도구이다. 면도날로 되어 있으므로 상처가 생기지 않도록 조심해서 사용한다.

(17) 토우 세퍼레이터(Toe Seperator, 발가락 끼우개)

발톱에 컬러링 서비스를 할 때, 발가락 사이에 끼워 발가락을 분리해서 고정하여 준다.

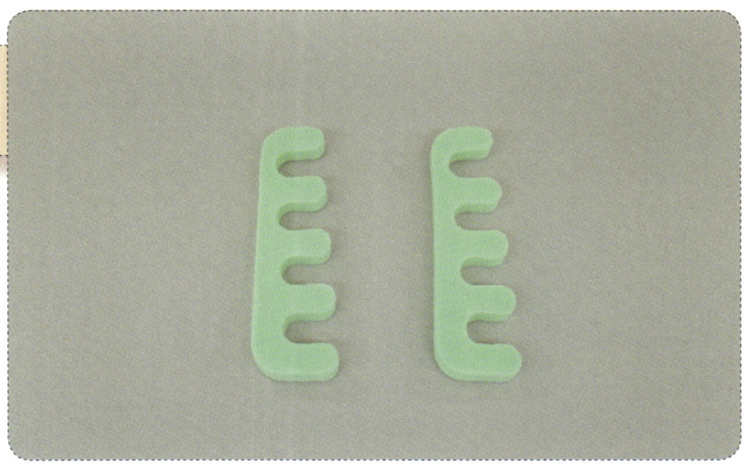

(18) 알코올(Alchol)

70% 농도의 알코올을 사용하며 작업 테이블과 기구 소독 등의 소독에 사용하거나, 시술자와 고객의 손 소독에도 사용한다.

(19) 안티셉틱(Antiseptic, 손 소독제)

시술하기 전에 시술자와 고객의 손을 소독할 때 사용하며, 소독력이 약해서 네일 기구나 도구의 소독에는 사용하지 않는다.

(20) 종이타월(Paper Towel)

수건 위에 종이타월을 깔고 매니큐어 시술 시 손의 물기 제거와 파일가루 등으로 인해 지저분한 테이블을 닦는다.

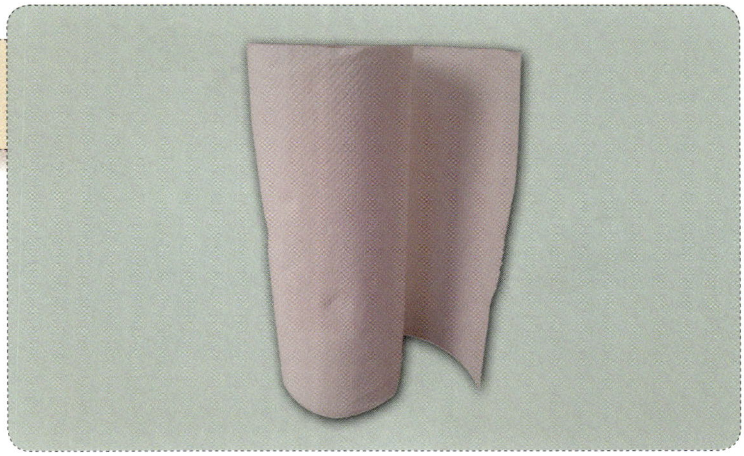

(21) 비닐 주머니(Viny Pack)

매니큐어를 시술하는 동안 각종 소모품, 폐기물 등을 버리는 용도로 테이블 옆에 붙여 놓고 사용하면 편리하다.

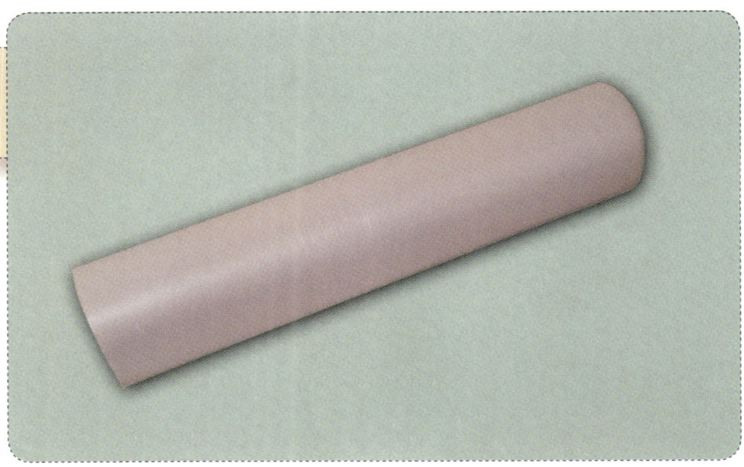

(22) 솜(Cotten)

에나멜을 제거하거나 오렌지 우드스틱 끝에 솜을 말아서 손톱의 프리 엣지 부분을 닦아낼 때 사용한다.

(23) 네일 에나멜 리무버(Nail Enamel Remover)

에나멜을 제거하기 위해 사용하며 일반적으로 용제를 주성분으로 한 액상 제품이 많지만 크림 제품도 나와 있다.

에나멜을 제거할 때와 인조 네일을 제거하는 경우 넌리무버는 냄새가 적고 피부에 대해 자극이 적다. 아세톤 성분이 너무 강하면 인조손톱의 끝을 녹인다.

(24) 큐티클 오일(Cuticle Oil)

큐티클을 정리하기 전에 큐티클 연화를 위해 발라주거나 광택을 내기 위해 사용한다.

(25) 베이스 코트(Base Coat)

네일 에나멜을 바르기 전 손톱 표면의 보호와 에나멜의 착색방지 등을 목적으로 코팅막을 형성하기 위해 발라 준다.

(26) 탑 코트(Top Coat)

니트로 셀룰로오즈 성분이 들어 있어서 에나멜을 보호해 줄 뿐만 아니라 광택을 더해주며, 에나멜이 빨리 벗겨지는 것을 방지해준다. 역시 코팅막 역할을 한다.

(27) 네일 보강제(Nail Treatment & Nail envy)

손톱 강화제의 일종으로서, 자연 네일의 보강과 영양분 공급을 위해 발라 준다. 갈라지거나 찢어지는 손톱을 튼튼하게 해 주는 효과가 있다.

(28) 에나멜 드라이어(Enamel Dryer)

에나멜을 바른 뒤, 빨리 말려 주기 위해 스프레이 한다

(29) 로션(Hand Lotion & Foot Lotion)

손이나 발을 마사지할 때 윤활과 보습효과를 주기 위해 사용한다.

(30) 네일 표백제(Nail Breach)

자연 손톱이 담배, 잉크, 잦은 에나멜 시술로 누렇게 변색되었을 때 표백시켜 주는 용도로 사용한다.

(31) 네일 화이트너(Nail Whitener)

손톱의 프리 에지 부분이 희게 보이게 해주는 것으로 크림이나 치약처럼 되어 있다.

(32) 지혈제(Styptic)

습식 매니큐어 시술 시 큐티클을 과다하게 제거했을 때나 잘못된 니퍼의 사용으로 인해 출혈이 있을 경우 출혈 부위에 한 방울 떨어뜨려 주면 혈액이 응고 된다.

(33) 에나멜(Enamel)

손톱에 컬러를 내기 위해 발라주는 유색 화장제이다. 흔히 폴리쉬, 락카, 에날멜 등의 명칭으로 부른다.

(34) 넌 아세톤 리무버(Non-acetone Remover)

아세톤의 성분을 제외하고 다른 지우는 성분을 함유하여 글루나 아크릴을 녹이지 않으므로 인조 네일을 시술할 때도 사용한다. 독한 아세톤이 들어있지 않기 때문에 자연 네일의 손상이 적다.

(35) 라운드 패드(Round Pad, 디스크 팩)

네일을 파일링한 뒤, 손톱 밑의 떨어지지 않은 찌꺼기들을 털어내기 위해 사용한다.

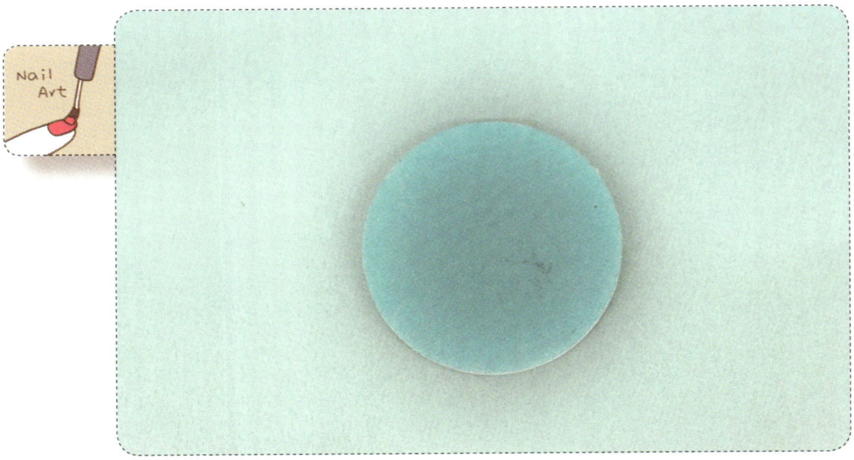

(36) 샌딩 블록(Sand Buffer)

손톱 표면의 울퉁불퉁한 면들을 없애기 위한 표면 정리와 원 네일의 유분기 제거를 위한 버핑을 목적으로 사용한다.

(37) 글루(Glue)

팁이나 실크를 접착할 때나 네일 표면 전체의 보강을 위해 사용한다.

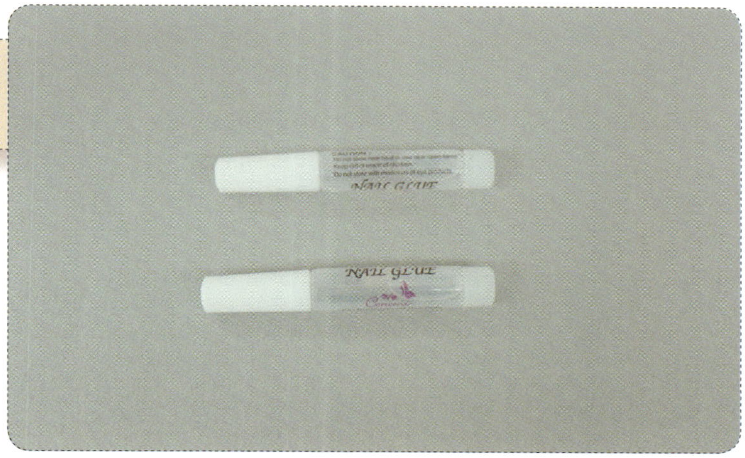

(38) 필러 파우더(Filler Powder)

팁을 붙였을 때 턱을 보강하거나 실크를 붙이거나 연장할 때 보강을 위해 사용한다.

(39) 젤 글루(Gel Glue)

글루 보다 두께감이 있고 접착성이 강하며 끈적끈적하다. 실크나 팁의 접착이나 인조 네일을 더 오래 유지하기 위해 보강할 때 사용한다.

(40) 글루 드라이어(Glue Dryer)

글루나 젤 도포 후 빠른 작업을 위해 말려줄 때 스프레이 한다.

(41) 랩

약한 손톱이나 인조 팁 위에 덧씌움으로써 튼튼하게 유지시켜 주기 위해 사용한다. 랩의 종류로는 실크(Silk), 린넨(Linen), 화이버 글라스(Fiberglass) 등이 있다.

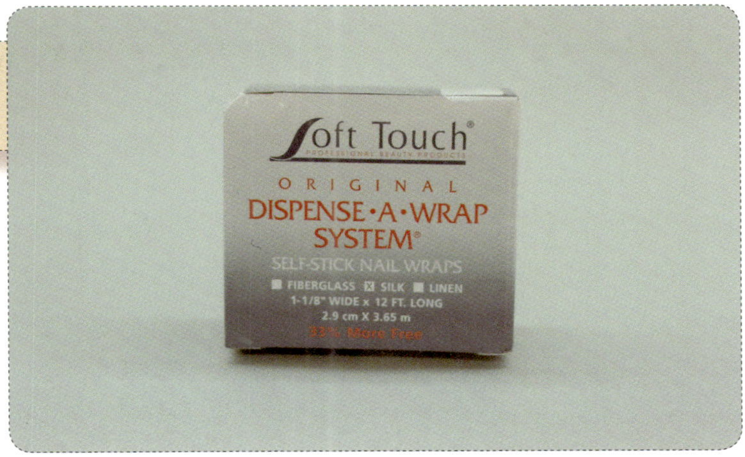

(42) 프라이머(Primer)

손톱표면에 불순물 및 유분기를 제거하여 아크릴릭 시술 시 접착력을 높여주기 위해서 발라준다.

(43) 아크릴릭 파우더(Acrylic Powder)

손톱을 연장하거나 보강하기 위하여 분말로 되어 있는 이 파우더와 리퀴드를 믹스하여 믹스춰 볼을 만든 뒤에 사용한다.

(44) 아크릴릭 리퀴드(Acrylic Liquid)

아크릴릭 파우더를 녹여서 볼을 만들어 반죽할 때 사용한다.

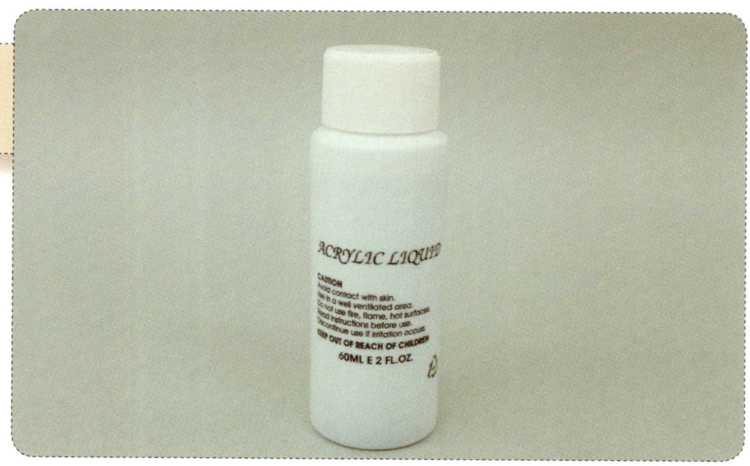

(45) 브러시 크리너(Brush Cleaner)

아크릴 믹스할 때 파우더를 녹여 주는 역할을 하며, 붓에 파우더가 엉겨 붙었을 때 이를 녹여내기 위해 사용한다.

(46) 띠너(Enamel Thinner)

굳어 있는 에나멜을 유화시킬 때 넣어준다.

(47) 팁(Tip)

손톱을 연장할 때 사용한다. 팁에는 레귤러 팁, 풀 팁, 프렌치 팁, 롱 팁, 컬러 팁 등 다양한 종류가 있다.

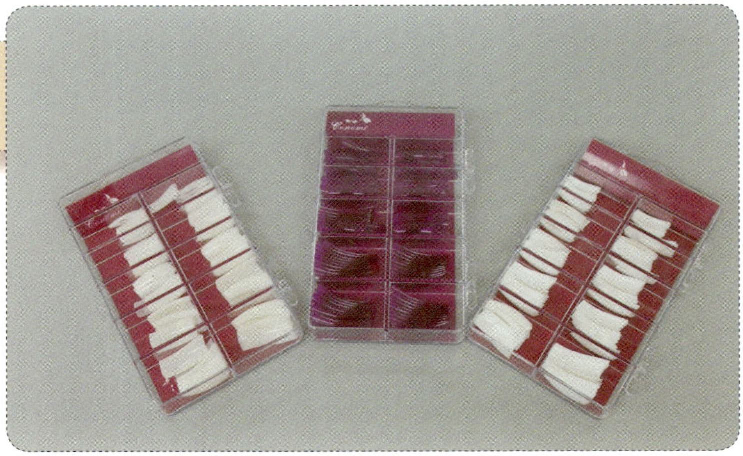

chapter 05

네일의 기초 실기

1. 손톱의 관리

1) 파일링 하는 방법

컬러링을 깨끗하게 하기 위해 네일 가장자리를 균일하게 한다. 파일링을 할 때에는 손목의 힘을 완전히 제거하고 파일을 잡고 시술한다. 파일을 쥐는 각도가 클수록 손톱의 형태는 둥글어진다.

① 손톱의 길이를 조절할 때는 1.2지로 잡고 파일을 가로로 세워 파일링 한다.
1지는 파일의 바깥쪽 1/3지점을 대고 2지는 파일의 끝을 받친 후, 나머지 3지는 구부린 후에 파일링 한다.

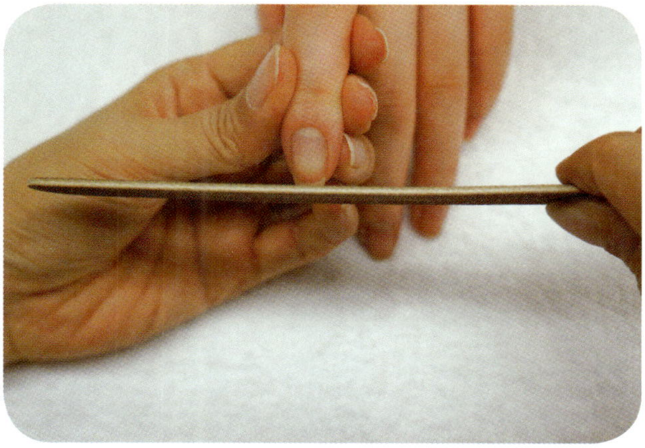

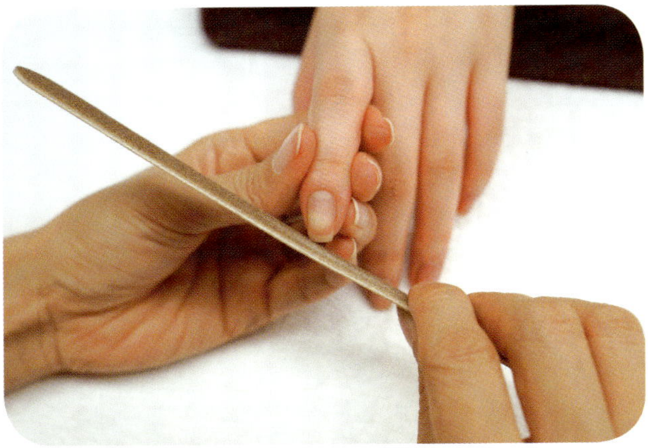

② 손톱의 사이드라인은 파일을 세로로 세워 위에서 아래로 사선으로 파일링하면 둥글게 파일링된다.

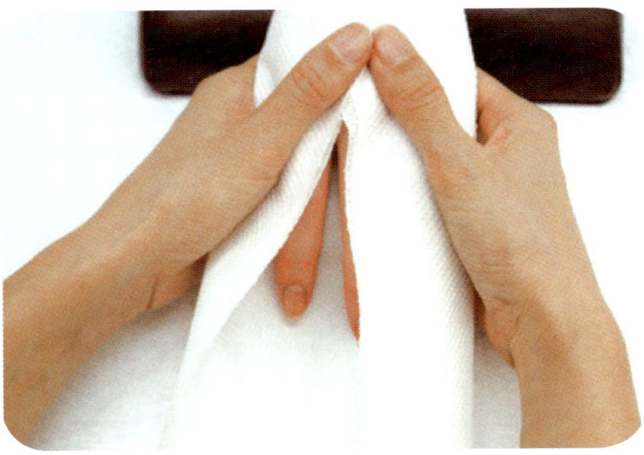

③ 샌딩 블럭을 사용할 때는 1지와 3지를 이용해 양 끝 부분을 잡고 파일링한다.

2) 손톱의 기본형태

손톱의 형태는 고객이 원하는 것이 가장 중요하지만, 고객에게 어울리는 형태를 추천하는 것 또한 네일 시술자가 해야 할 중요한 일이다. 그러나 연장 시술 전에 기본적으로 손톱의 형태는 라운드로 하는 것이 적당하다.

① 스퀘어 형

손톱의 끝을 많이 사용하는 사람이나 사무직이나 컴퓨터 종사자들이 선호하는 짧은 네일을 원하는 고객들에게 시술한다. 다른 모양의 네일 보다 튼튼하여 잘 부러지지 않고 도시적이고 개성적인 이미지를 준다.

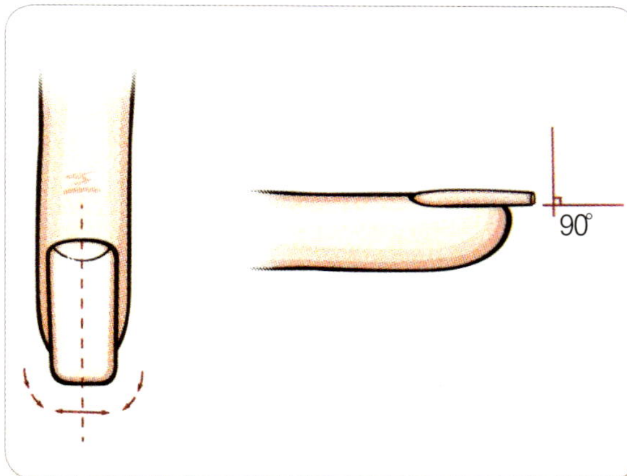

② 라운드 스퀘어 형

가장 무난한 형이며, 스퀘어 형에서 프리에지 부분의 양 사이드를 약간의 곡선을 이루게 하는 것으로 손톱이 약한 사람에게도 적당하다.

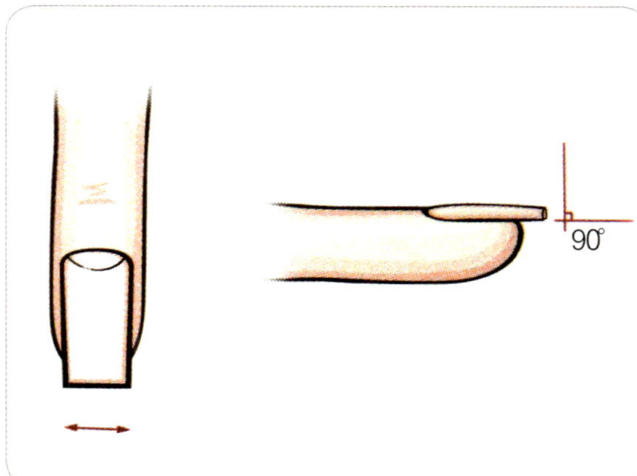

③ 라운드형

평범한 형으로 프리에지 부분이 각이 없이 둥근 모양이다. 파일링할 때 사이드가 너무 깊게 파이지 않도록 주의 한다. 큐티클 안쪽까지 라인을 잡으면 손톱이 파고드는 원인이 된다.

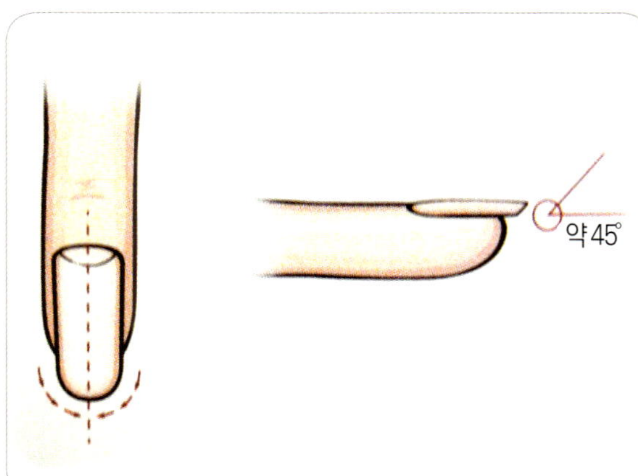

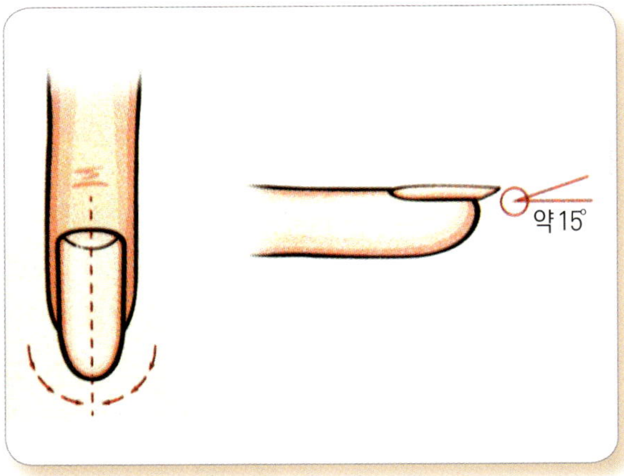

④ 오발형

여성들에세 가장 보편화 되어 있는 쉐입으로 라운드 쉐입보다 더 둥글고 가름하게 처리 한다.

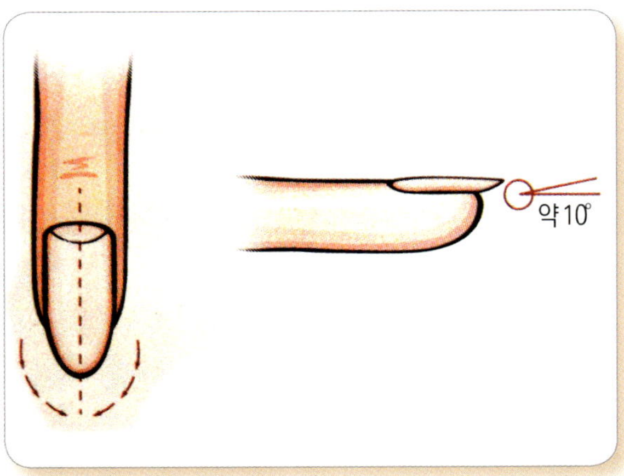

⑤ 포인트형

손가락이 가늘고 길게 보이는 장점이 있으나 손톱이 아몬드형이 되므로 잘 부러지는 단점이 있다.

2. 컬러링

폴리쉬는 손톱을 보호하고 색채와 광택을 주어 손을 아름답게 하고 개성이 돋보이도록 하여준다. 폴리쉬를 바를 때 폴리쉬 솔이 퍼짐이 좋고 브러시 대의 길이가 약간 긴 것이 좋으며 폴리쉬 농도가 적절해야 한다.

1) 폴리쉬 바르는 방법

① 폴리쉬는 항상 왼손 소지부터 바른다.

② 베이스코트는 손톱표면의 보호와 폴리쉬의 착색방지를 도와준다.

③ 폴리쉬는 2번 발라준다.(프리에지 부분을 빼먹지 않도록 주의한다.)

④ 탑코트는 폴리쉬의 오랜 유지와 광택을 위한 코팅막 형성을 위해 발라준다.

⑤ 폴리쉬 바를 때는 반드시 병을 들고 바르며, 폴리쉬를 바르는 손의 소지로 고객의 손을 받친 손을 지지한 뒤 컬러링 한다.
컬러링 방향 : 1coat 손톱의 가운데 → 오른쪽 → 왼쪽 2coat 손톱의 왼쪽 → 오른쪽

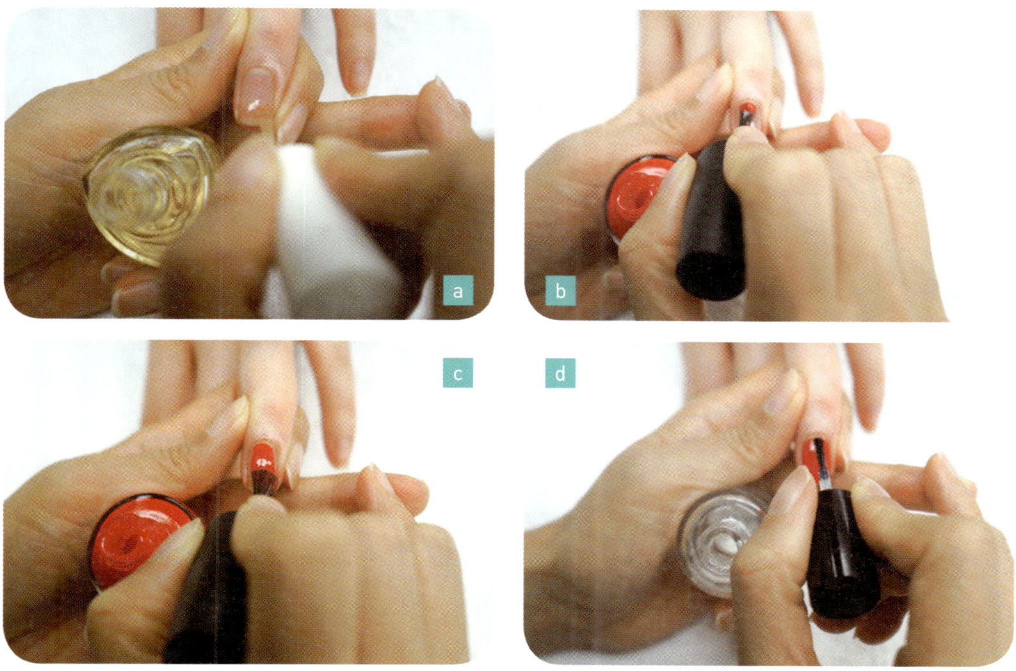

2) 폴리쉬 지우는 방법

폴리쉬 리무버는 아세톤이라는 매우 강한 화학성분을 함유하고 있는 것이 대부분이다. 폴리쉬를 바르는 빈도는 1주일에 1회 정도가 바람직하다. 너무 자주 폴리쉬를 바르면 손톱이 함유하고 있는 유분과 수분을 급격하게 잃게 되고, 손톱의 건강을 해칠 위험이 있기 때문에 주의해야 한다.

폴리쉬를 지울 때는 우선 리무버를 묻힌 솜을 손톱위에 몇 초 정도 얹어 둔다. 그런 다

음 가볍게 누르며 손끝을 향해 닦아 낸다. 표면을 싹싹 문지르면 솜에 묻혀 나온 지워진 폴리쉬가 손가락과 손톱 뒤의 부드러운 살갗 주위에 묻게 된다.

그 때문에 바르는 폴리쉬 색에 영향을 주게 되므로 주의한다. 손톱의 안쪽과 주위에 남은 폴리쉬는 리무버를 적신 면봉 등을 이용해서 제거해 준다.

3) 폴리쉬 보관하는 방법

에나멜을 보관할 때에는 항상 병의 입구를 깨끗하게 하고 이물질이 들어가지 않도록 주의한다. 사용할 때는 병을 위아래로 흔들지 말고 좌우로 비벼 준 뒤에 사용한다.

에나멜이 굳었을 때 절대 리무버를 섞지 말고 띠너를 넣어서 사용한다.(리무버는 휘발성이라 오히려 응고를 촉진시키고 나중에 에나멜을 이중으로 분리하게 된다)

4) 컬러링의 명칭

① **전체 바르기**(Full Coat)

손톱 전체 면을 가득 채워서 컬러링 한다.

② **프리 에지**(Free Edge)

프리 에지 부위만 비워두고 컬러링 한다.

③ **프렌치 컬러**(French Color)

프리에지 라인만 컬러링 한다.

④ **프리월**(Free Wal.s)

양 사이드 부위를 1/16 정도 남겨두고 컬러링 한다.

⑤ **반달형**(Half mocn or Lunula)

루눌라 부위만 남겨두고 컬러링 한다.

3. 습식 매니큐어

손톱 주위의 각질을 제거하기 쉽도록 손끝을 따뜻한 물에 담근 후 손톱 표피를 손질하는 방법이 습식 매니큐어이다.

가장 기본이 되는 매니큐어 시술법으로, 손과 손톱의 관리, 컬러링, 그리고 마사지가 포함된다.

1) 재료

① 안티셉틱	② 솜	③ 타올과 키친타올
④ 리무버	⑤ 에머리 보드	⑥ 지혈제
⑦ 푸셔	⑧ 니퍼	⑨ 큐티클 오일
⑩ 큐티클 리무버	⑪ 핑거볼	⑫ 핸드로션
⑬ 오렌지 우드스틱	⑭ 네일 브러시	⑮ 탑 코트
⑯ 베이스 코트	⑰ 에나멜	⑱ 비닐 팩 등

2) 사전준비

① 테이블을 소독한다.
② 타월과 키친타올을 깔아 세팅한다.
③ 메탈로 된 도구들을 20분전 소독제에 담가놓는다.
④ 비닐 팩(쓰레기 봉투)을 테이블에 부착한다.
⑤ 핑거볼에 미온수를 떠놓고 준비한다.

3) 시술과정

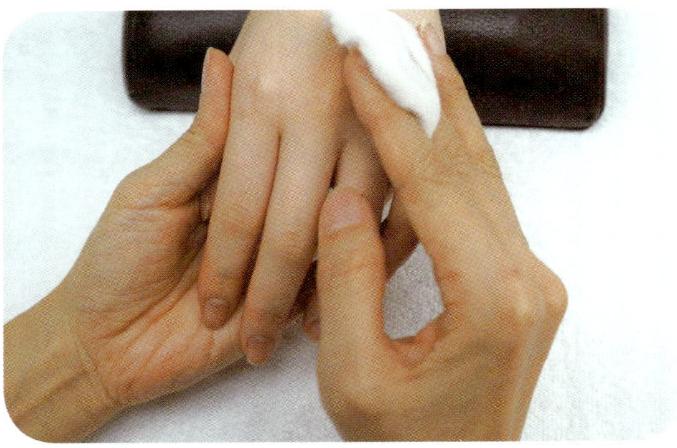

① 시술자 및 고객의 손 소독하기
솜에 알코올 또는 안티셉틱을 묻혀 소독한다.

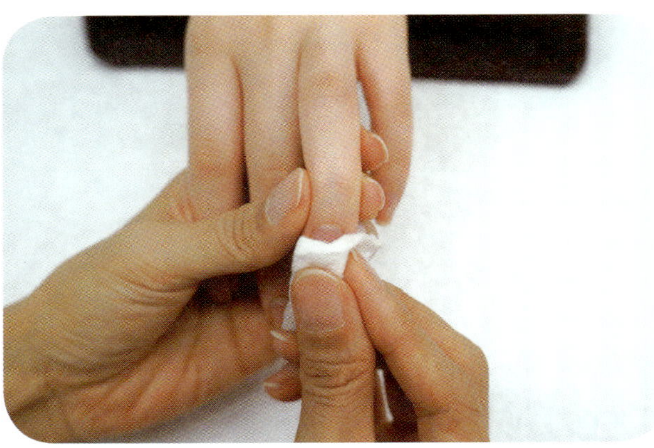

② 폴리쉬 제거
솜에 폴리쉬 리무버를 적당히 묻혀서 묵은 폴리쉬를 완전히 제거한다.

③ 우드파일로 쉐입 잡기

손톱의 왼쪽 바깥으로부터 시작하여 중앙쪽을 향하여 파일링한다.

고객이 원하는 손톱 모양을 잡아준다.

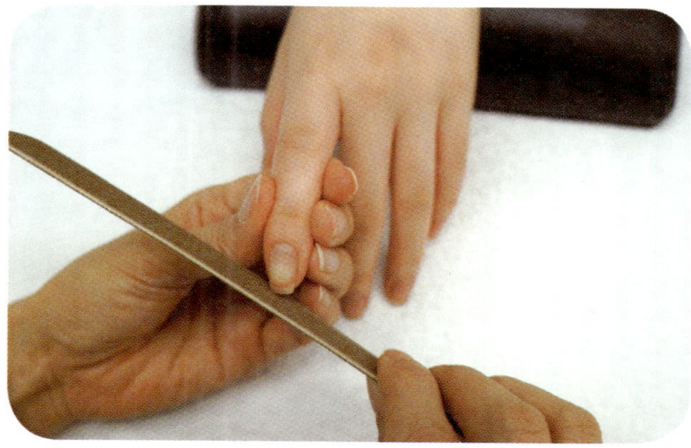

④ 샌딩으로 표면정리

표면이 거칠 경우 매끄럽게 다듬어 주면 에나멜 시술이 오래가는 효과가 있다.

⑤ 디스크 패드로 거스러미 제거하기

확실하게 제거하지 않을시 케어해도 거스러미가 남을 수 있다.

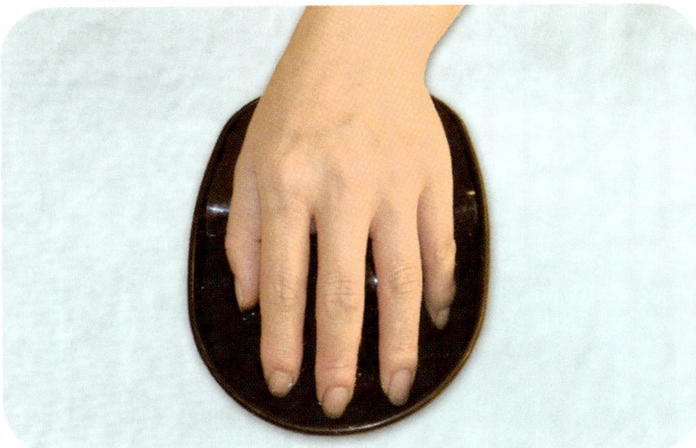

⑥ 핑거볼에 손 불리기

큐티클을 연하고 부드럽게 하기 위해 손을 불린다.

⑥ 이 생략되면 건식 매니큐어라고 한다.

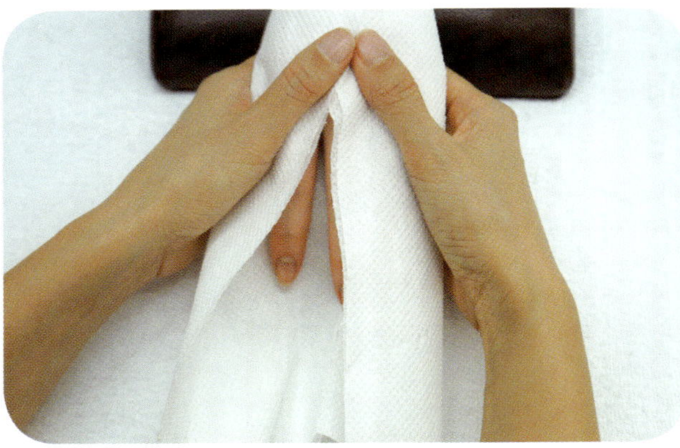

⑦ 왼손을 핑거볼에서 꺼낸 다음 물기를 제거하고 오른손을 담근다.

오른손도 ③~⑥ 까지 동일하게 한다.

⑧ 큐티클 오일 바르기

물기를 제거한 손톱에 큐티클을 유연하게 하기 위해 오일을 바른다.

⑨ **큐티클 밀기**(푸셔)

연필 잡는 식으로 잡고 45도 각도로 자연 손톱이 긁히지 않게 큐티클을 살살 밀어준다.

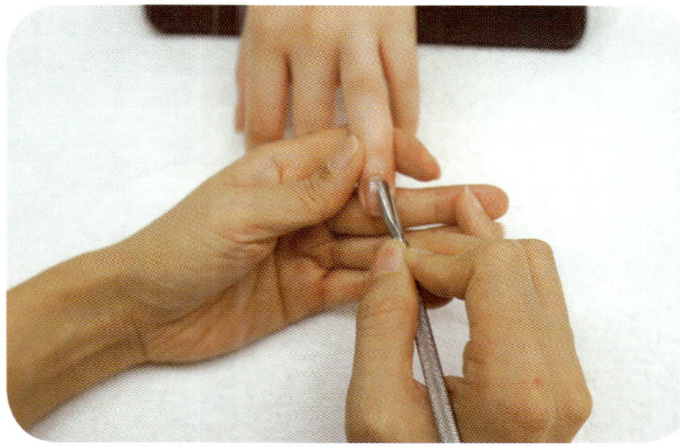

⑩ **큐티클정리**(니퍼)

니퍼를 이용하여 불필요하고 지저분한 큐티클을 제거한다. 제대로 제거하지 않으면 거스러미가 일어난다.

오른쪽 손도 ⑧~⑩ 까지 동일하게 한다.

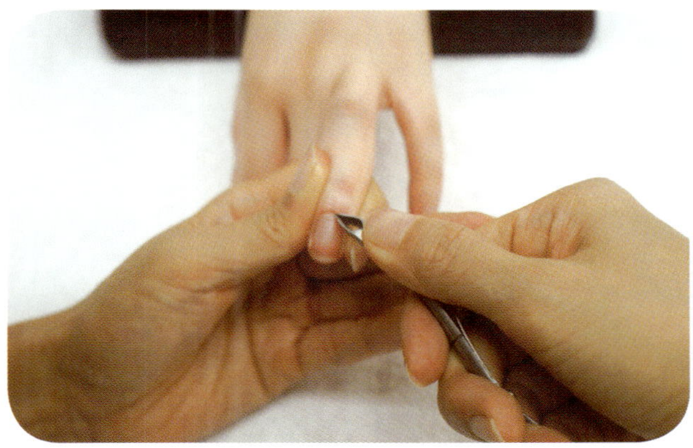

⑪ **도구 사용 후 반드시 소독을 한다.**

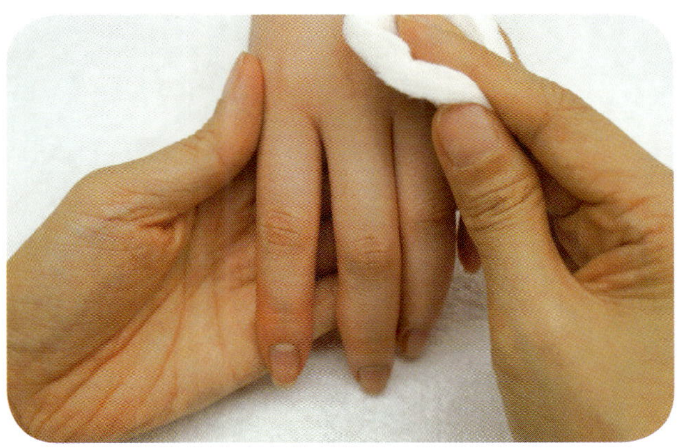

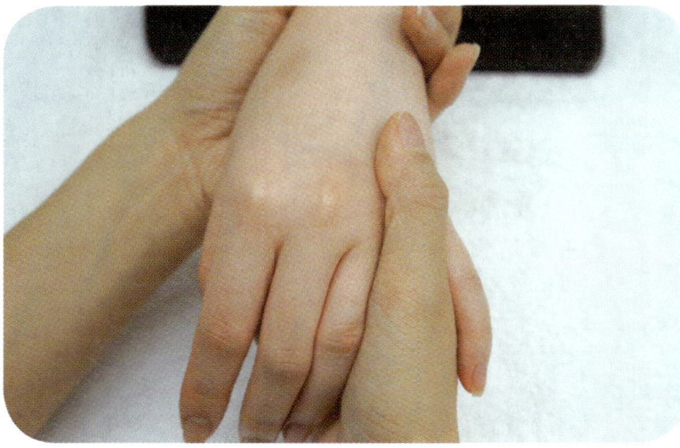

⑫ 손 마사지

핸드크림을 이용하여 마사지 실시 동작으로 혈액순환에 도움이 되도록 한다.

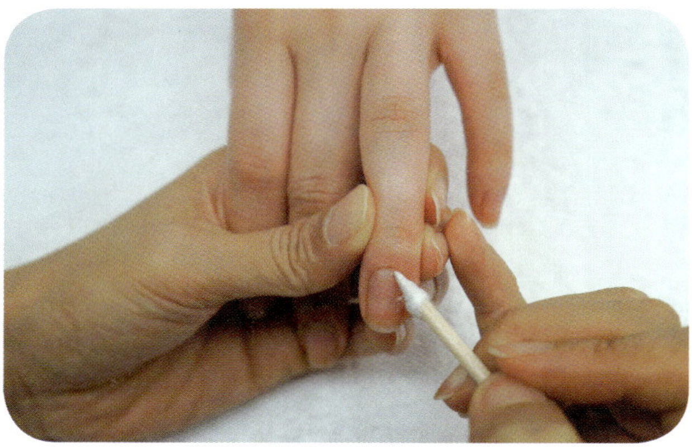

⑬ 유분기 제거

리무버를 적셔 로션을 제거하고 오렌지 우드스틱 끝에 솜을 말아 손톱의 프리엣지 부분을 닦아준다.

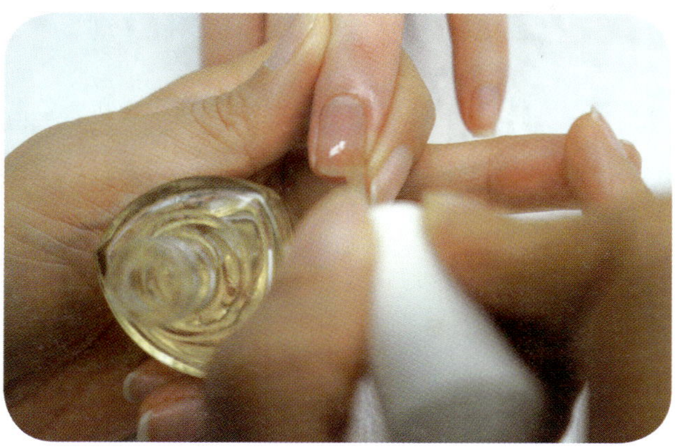

⑭ 베이스코트 바르기

베이스코트는 에나멜 착색을 예방하고 네일 바디를 보호할 수 있다.

⑮ 에나멜(폴리쉬)바르기

고객이 원하는 폴리쉬를 2회 반복하여 얇게 바르고, 최대한 손에 힘을 빼고 바르고 양을 조절해서 바르도록 한다.

⑯ 탑코트 바르기

에나멜 보호와 광택에 도움을 준다.

chapter 06

네일 기술

1. 팁 위드 실크

네일 랩이란 손톱을 포장한다는 뜻으로 오버레이라고도 한다. 이것은 천이나 종이를 네일 크기로 오려서 접착제를 사용하여 손톱에 붙이는 것이다.

팁 위드 실크는 레귤러팁을 시술한 다음 실크를 이용하여 오버레이 한다. 실크를 오버레이하는 이유는 팁을 보강하여 튼튼하게 유지시켜주기 위해서이다. 손톱이 얇아서 부러지는 경우 깨진 손톱을 팁 위드 실크 시술로 원 네일에 오버레이하여 보강해준다.

1) 재료

기본 재료, 실크, 글루, 젤, 레귤러 팁, 글루 드라이어, 팁 커터기

2) 사전준비

모든 사전 준비는 앞과 동일하다.

3) 시술과정

① 손소독 하기
② 샌딩으로 광택 제거
③ 루즈 스킨 제거

④ 샌딩으로 표면정리

네일 바디 광택 제거 후 시술한다.

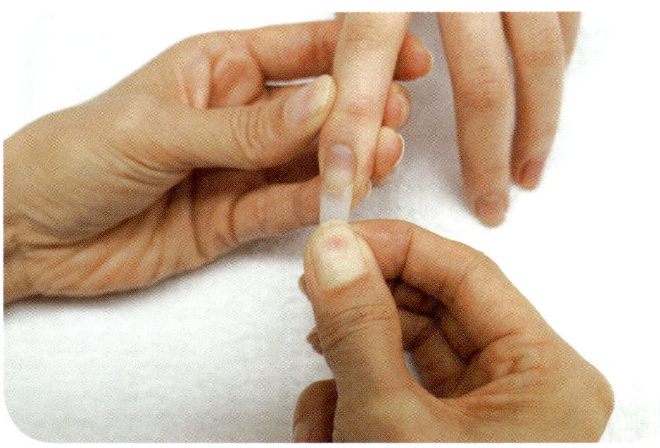

⑤ 레귤러 팁 붙이기

글루나 젤을 이용하여 팁과 손톱을 잘 밀착하여 공기가 들어가지 않게 45도 각도로 붙이도록 한다.

기포가 생기지 않도록 한번에 붙이도록 한다.

⑥ 팁 커터기로 길이 자르기

팁 커터기와 팁의 각도를 직각(90도)으로 하여 원하는 길이만큼 자르도록 한다.

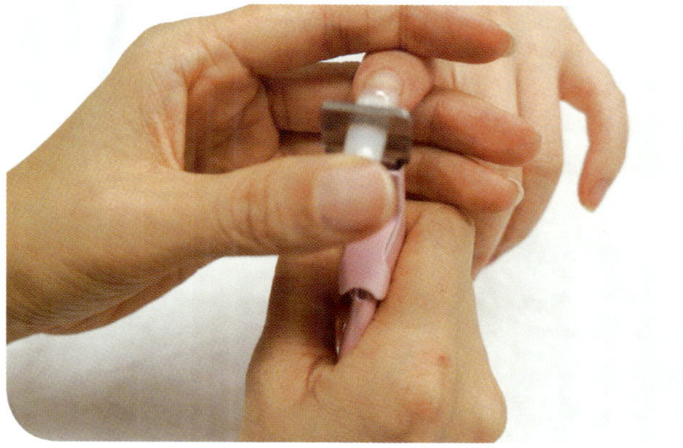

⑦ 팁 턱 제거하기

턱을 제거할 때는 자연 네일이 손상되지 않도록 주의한다.

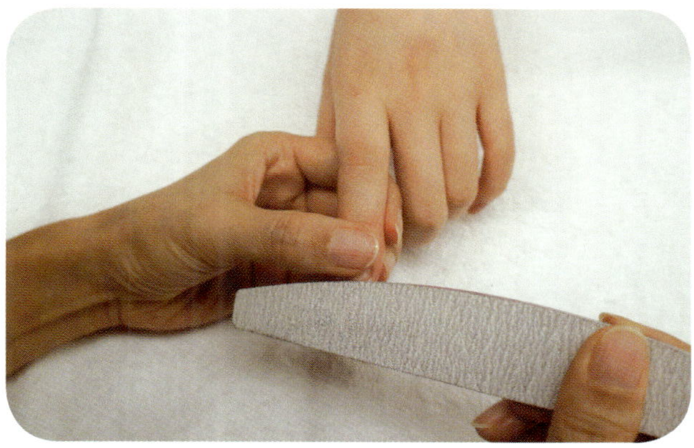

⑧ 실크 재단해서 붙이기

실크의 접착력을 이용하여 손톱 표면에 전체적으로 붙인다.

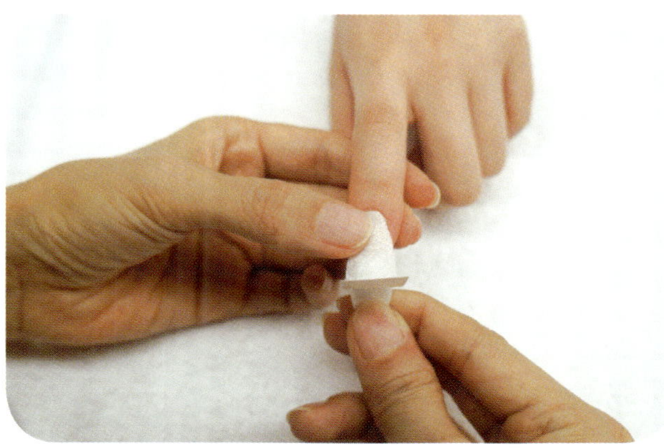

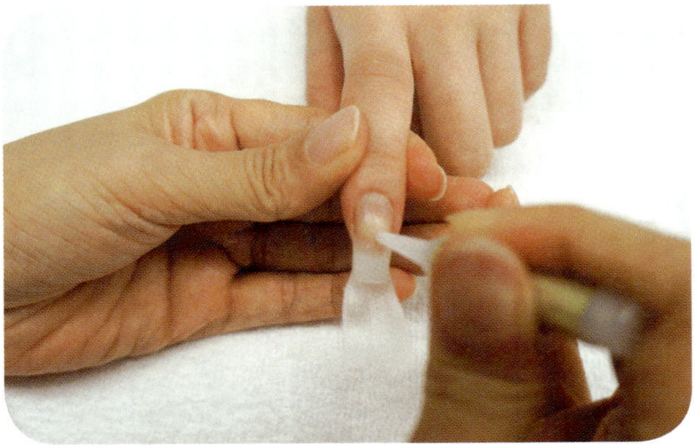

⑨ 글루 바르기

글루를 도포하여 실크가 완전히 밀착 되도록 한다.

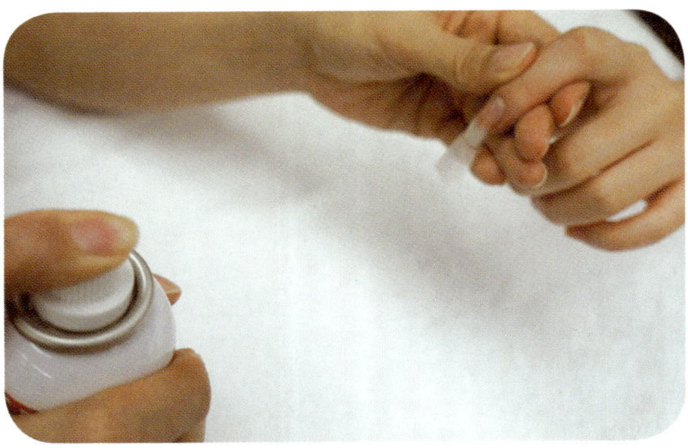

⑩ 글루 드라이어 뿌리기

20~30cm 떨어진 상태에서 뿌린다.

(너무 가까이 뿌리면 색깔이 노랗게 변할 수 있으니 주의한다)

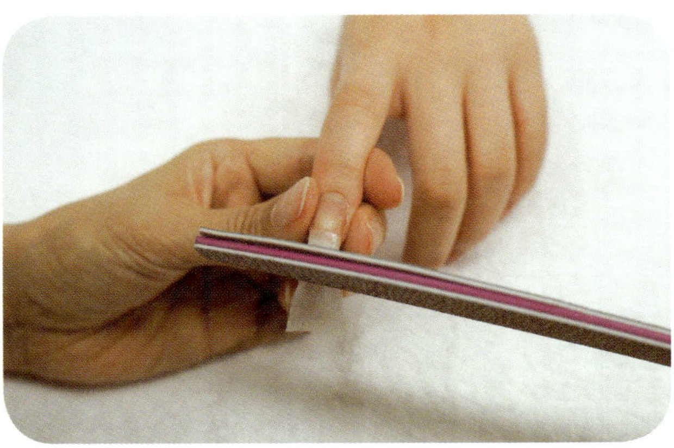

⑪ 파일로 남아있는 실크를 제거한다.

파일로 팁 외에 있는 실크를 한 번에 제거한다.

(시험 시 스퀘어 쉐입. 그 외엔 고객이 원하는 모양으로 잡아주도록 한다)

⑫ 젤 글루 바르기

젤 글루로 능선까지 맞춰준다.

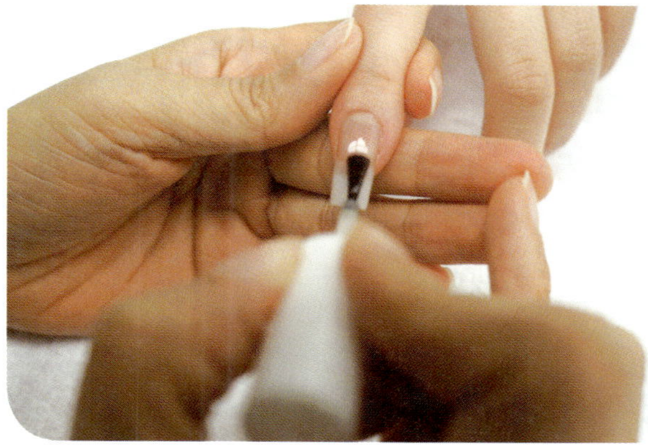

⑬ 글루 드라이어 뿌리기

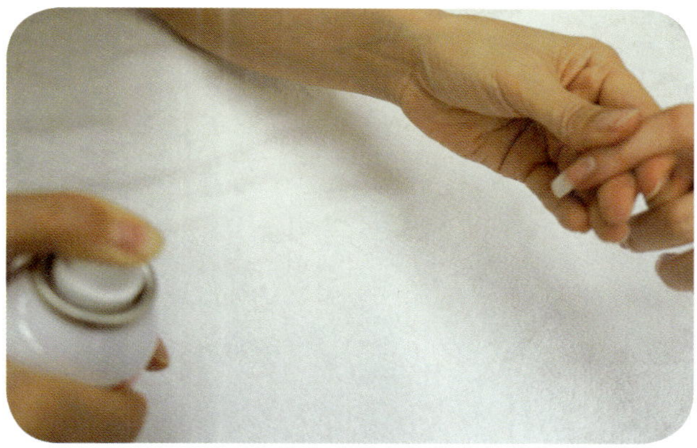

⑭ 파일하기

팁 두께만큼 파일링 한다.

(손으로 만져봐서 울퉁불퉁한 면이 없는지 확인하면서 파일링 한다)

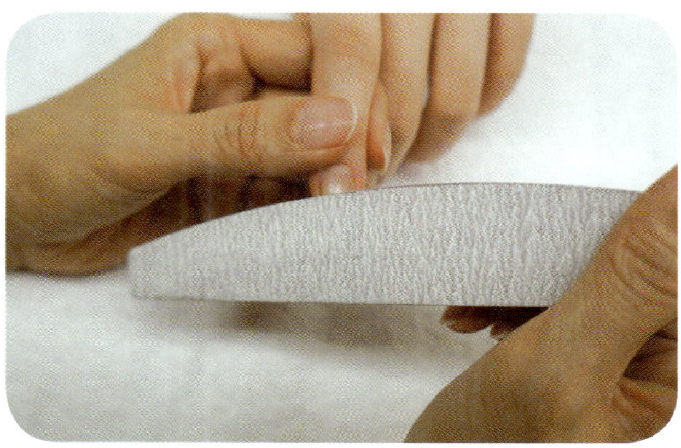

⑮ 샌딩으로 표면정리

최대한 표면이 매끄럽게 표면 정리한다.

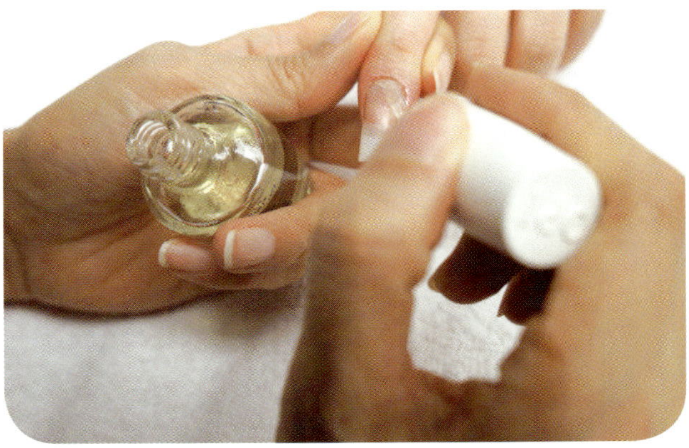

⑯ 오일 바르기

소량만 바른 후 페이퍼 타올로 문질러 닦아준다.

⑰ 3-way로 광택내기

⑱ 완성

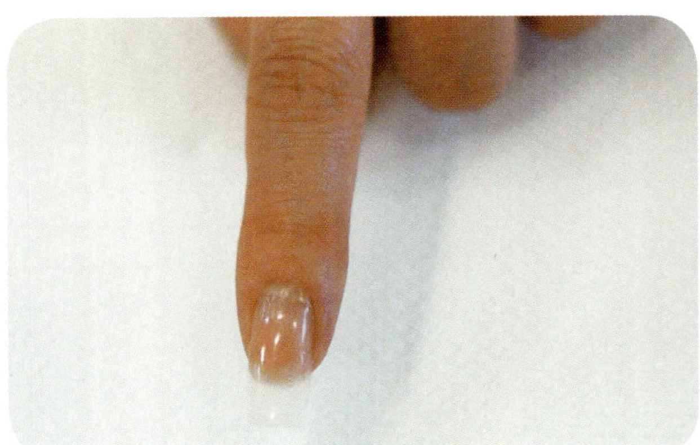

2. 실크익스텐션

1) 익스텐션

팁을 이용하여 연장하는 방법을 사용했었는데 실크익스텐션은 실크를 손톱전체의 모양 그대로의 사이즈로 재단해 고객의 손톱에 딱 맞게 만들어주는 시술방법이다.

익스텐션은 손톱을 강하게도 하며, 자연손톱 색깔과 가장 비슷하여 자연스럽다. 자연스러운 곡선과 바디가 긴 손일 경우 익스텐션은 더욱 자연스러우며 시술방법도 용이하다.

2) 자연네일 랩핑

일상생활을 하다가 또는 여러 가지 요인에 의해 손톱에 충격이 가해지거나 화학성분들에 의해 손상을 입을 수 있다. 이로 인해 손톱이 쉽게 부러지거나 얇아져 찢어지게 되는 경우가 있다. 네일랩핑(Nail wrapping)은 잘 부러지거나 찢어진 손톱 등 손상된 손톱에 "Fabric"을 덧씌워 인위적으로 튼튼하게 하여 손톱을 보호하는 방법이며 아름다운 손톱을 만들 수 있다.

【패브릭을 활용한 테크닉】

네일랩(Nail wrap)이란 손톱을 포장한다는 뜻으로 오버레이(Overlays)라고도 한다. 천이나 종이를 손톱에 맞추어 오려 접착제로 손톱에 붙여주는 것으로, 손상된 자연네일이나 인조팁 위에 붙여 더 강하게 보강해주는 역할을 한다.

【패브릭 랩(Fabric Wrap) : 천 소재 사용】

ⓐ 실크(Silk) : 명주 소재의 천으로 얇고 가벼우며, 투명하여 가장 많이 쓰인다. 뒷면에 접착성분이 있는 실크를 많이 활용한다.

ⓑ 린넨(Linen) : 굵은 소재의 천으로 짜임이 굵어 강하고 오래가지만 두껍고 천의 조직이 그대로 드러나 시술 후 컬러링을 해야 한다.

ⓒ 파이버 글래스(Fiberglass) : 글루가 잘 스며들어 자연스러워 보인다. 광섬유 유리섬유 라

고도 불린다. 조직의 짜임새가 보이기도 하나 실크보다 강하다. 짜임이 듬성듬성하여 초보자가 시술할 경우 어려울 수도 있다.

【페이퍼 랩(Paper Wrap)】
얇은 종이 소재로 아세톤이나 넌 아세톤에 모두 약하여 주로 임시 랩으로 활용된다.

3) 재료

실크, 실크가위, 필러파우더, 글루, 글루드라이어, 큐티클오일, 페이퍼타올, 파일, 샌딩파일 등

4) 시술과정

① 손소독 하기

② 에나멜제거 및 큐티클정리

③ 손톱 쉐입 잡기(라운드)

④ 루즈 스킨 제거

⑤ 에칭 주기

손톱의 유분기와 광택을 제거하여 실크의 접착력을 높이기 위하여 에칭을 준다.

⑥ 실크 재단하기

양 사이드가 비지 않도록 재단한다.

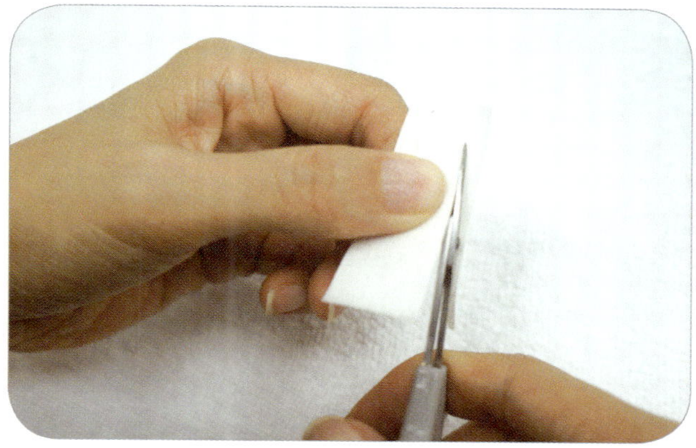

⑦ 실크붙이기

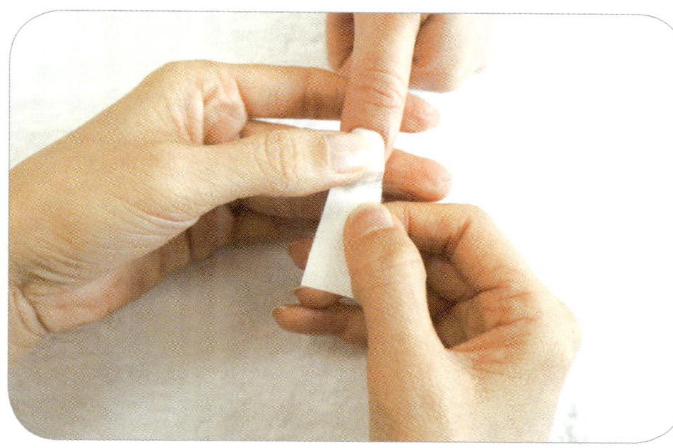

⑧ 글루바르기

실크가 손톱에 잘 접착하도록 글루를 도포한다. 너무 많이 도포하면 실크가 손톱에서 미끄러 내릴 수 있다.

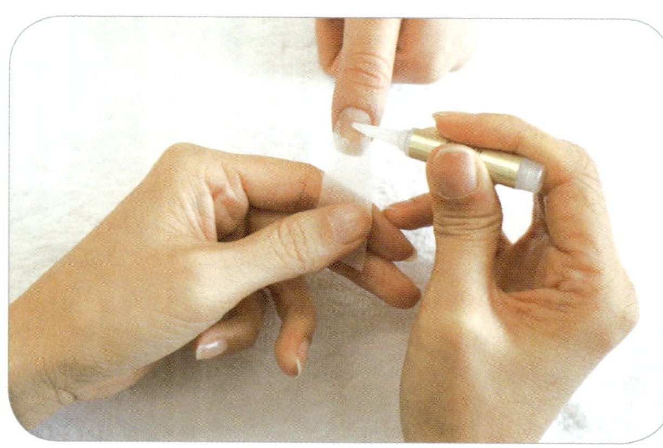

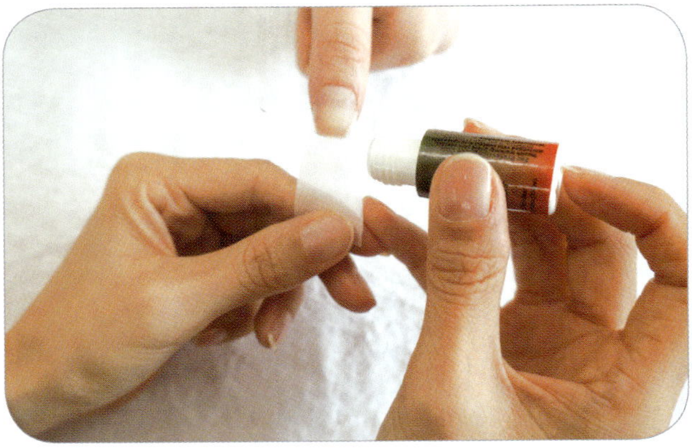

⑨ 필러파우더 뿌리기

필러 파우더는 전체적으로 빈 곳이 없도록 골고루 2-3회 뿌려 주고 하이포인트도 만들어준다.

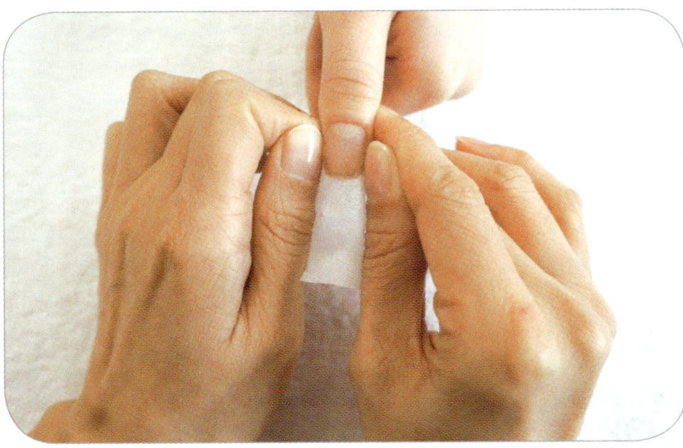

⑩ 핀칭주기

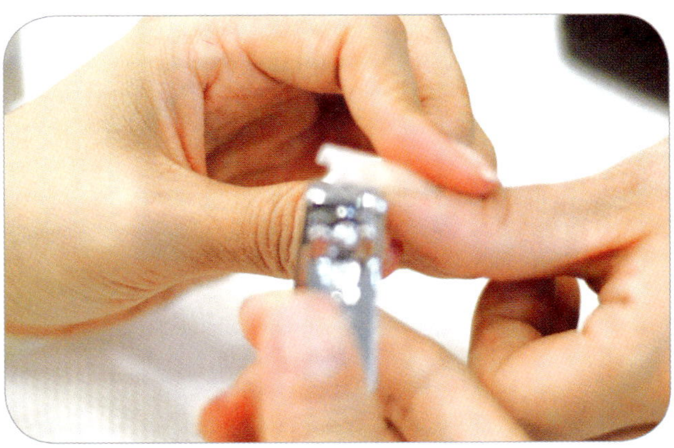

⑪ 길이와 쉐입 잡기

클리퍼를 사용하여 길이와 쉐입을 잡아준다.

⑫ 파일링하기

파일의 그릿(Grit)이 낮은 것부터 차례로 사용하여 파일링으로 표면을 완성한다.

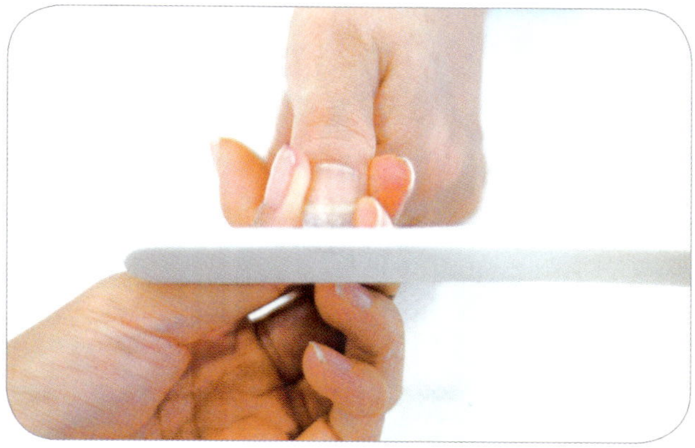

⑬ 뒷면에 라이트 글루 도포하기

인조네일을 투명하게 하기 위해 뒷면에 라이트 글루를 도포한다.

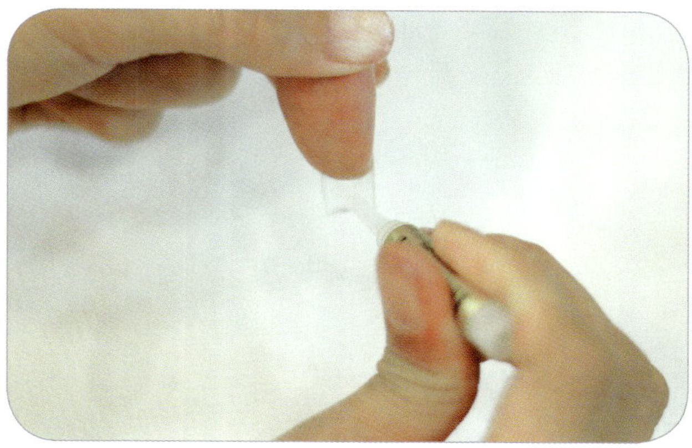

⑭ 라이트 글루와 젤 글루를 도포한다.

⑮ **버퍼로 버핑 하고 더스트 브러시를 사용하여 잔여물을 제거한다.**

라이트 글루를 도포한 후 위에 젤글루를 전체적으로 도포한다. 3-way 파일을 이용하여 표면광택을 낸다.

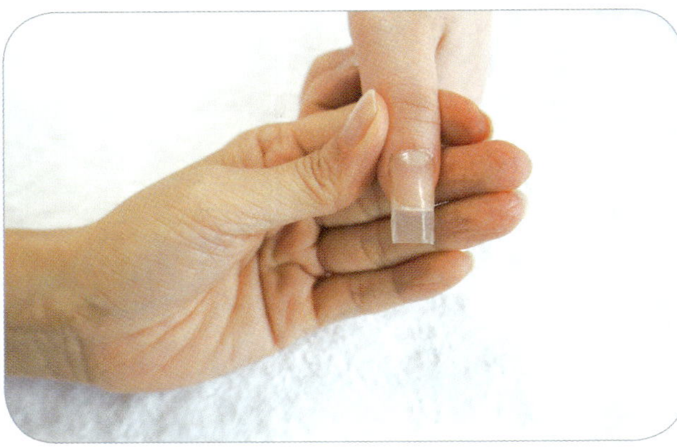

⑯ **완성**

3. 아크릴 원톤 스캅쳐

아크릴릭 리퀴드와 파우더를 믹스춰(mixture)하여 네일바디를 연장하는 방법이다. 붓을 monomer에 충분히 적신 후 polymer를 묻혀 아크릴파우더로 볼을 떠서 붓의 각도를 이용하여 손톱을 연장하게 된다.

1) 아크릴릭 리퀴드와 파우더 Mixture

볼을 뜰 때 붓의 각도와 작업 시간에 따라 볼의 크기와 묽기를 조절할 수 있어야 한다.

(1) 브러쉬에 리퀴드를 적신 리퀴드의 양

(2) 리퀴드를 적신 브러쉬가 파우더에 머무르는 시간

머무르는 시간이 길수록 볼의 사이즈가 커지거나 농도가 되진다.

(3) 브러쉬가 파우더에 접해지는 각도

브러쉬가 90도에 가까울수록 사이즈가 작다.

2) 재료

아크릴 파우더(클리어), 아크릴 리퀴드, 프라이머, 디펜디쉬, 아크릴 브러시, 아크릴 폼

3) 시술과정

① 손소독 하기

② 에나멜 제거 및 큐티클 정리

③ 손톱 쉐입 잡기(라운드)

④ 루즈 스킨 제거

⑤ 에칭 주기

그릿(Grit) 수가 높지 않은 파일을 이용하여 손톱을 고르게 살살 에칭을 준다.

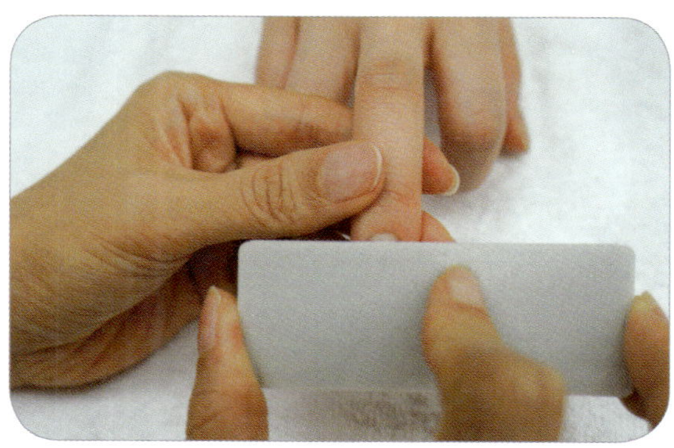

⑥ 프라이머 바르기

손톱의 유수분제거, PH발런스를 맞추기 위하여 손톱위에만 주의하며 바른다.

⑦ 네일 폼(Form)끼우기

손톱과 폼 사이에 틈이 생기지 않도록 주의한다.

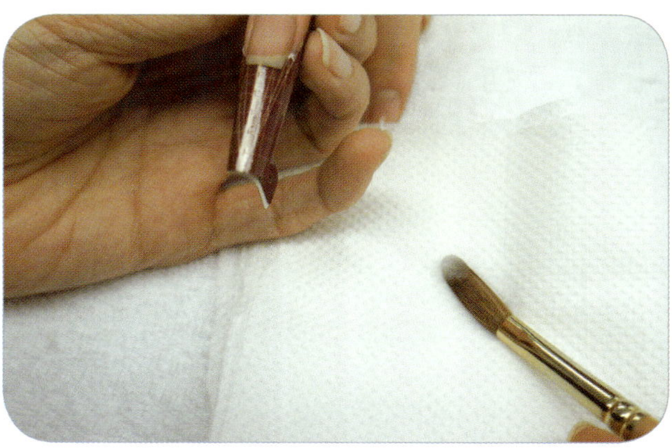

⑧ 아크릴 볼 뜨기

아크릴 브러쉬에 리퀴드와 파우더를 mixture하여 적당한 농도의 볼을 만든다.

⑨ 아크릴 볼 얹기

아크릴 브러쉬를 이용하여 리퀴드를 적시어 아크릴 볼을 만들어 올린다.
프리엣지 부분과 바디부분 2번의 볼을 얹어 연결한다.

⑩ 핀칭 주기

아크릴이 어느 정도 굳은 다음 살드려 확인 한 후 핀칭을 준다 C커브를 잡기위해 양 사이드 스트레이트 포인트를 엄지손톱을 이용해 핀칭을 준다.

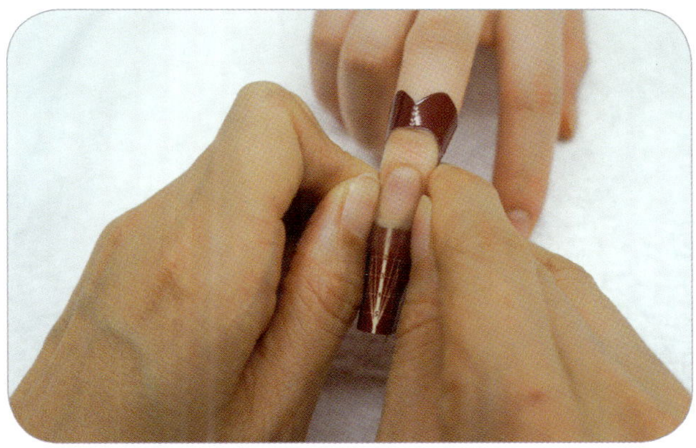

⑪ 폼 제거하기

아크릴이 어느 정도 굳은 것을 확인하고 폼을 제거한다.

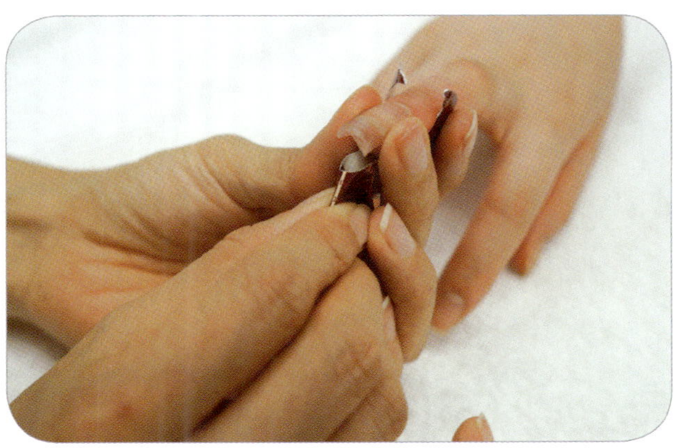

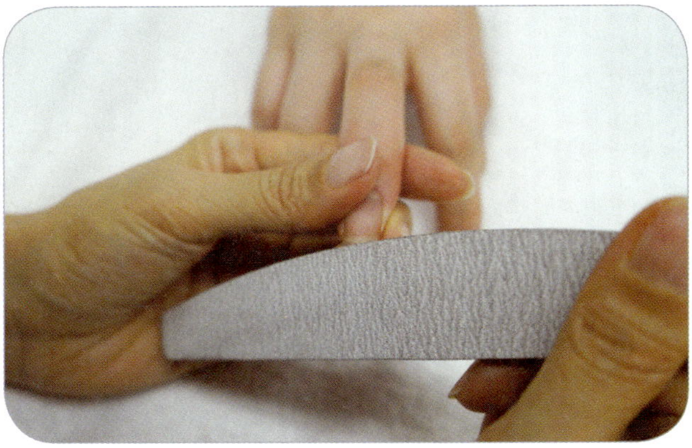

⑫ **파일링 하기**

손톱의 길이와 쉐입을 잡아준다. 파일의 그릿수를 거친 것부터 차례로 사용한다. 3-way 파일을 이용하여 표면 광택을 낸다.

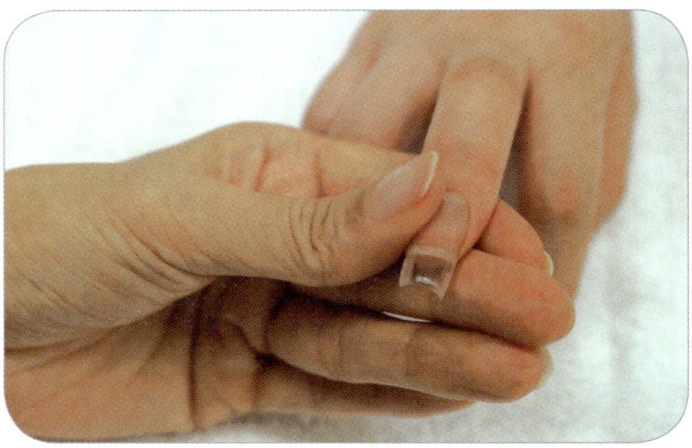

⑬ **완성**

4. 아크릴릭 제거(Take off)

1) 시술과정

① 시술자와 고객의 손을 소독한다.

② 손에 이상이 없는지 확인한다.

③ 아크릴릭의 길이를 자르고 soak nails 작업을 위해 준비한다. 제거제를 솜에 묻혀 제거하고자 하는 네일 위에 감싸고 호일로 감은 다음 방치한 후에 제거하면 된다.(a), (b)

④ 흐물흐물 해진 아크릴릭의 잔여물은 오렌지 우드스틱이나 푸셔를 이용하여 아래로 밀어 내면서 떼어낸다. 너무 힘을 주거나 억지로 제거하지 말아야 한다.(c)

(자연네일 표면이 손상되지 않도록 주의 한다.)

⑤ 네일의 표면을 버핑해 준다. 네일의 표면을 아주 고운면의 버핑 블록을 이용하여 부드럽게 손톱 표면에 남아 있는 잔여물을 제거해 준다.(d)

⑥ 시술이 끝난 후에는 네일 보강제를 발라주어 손톱을 보호해 주는 것이 좋다.

a

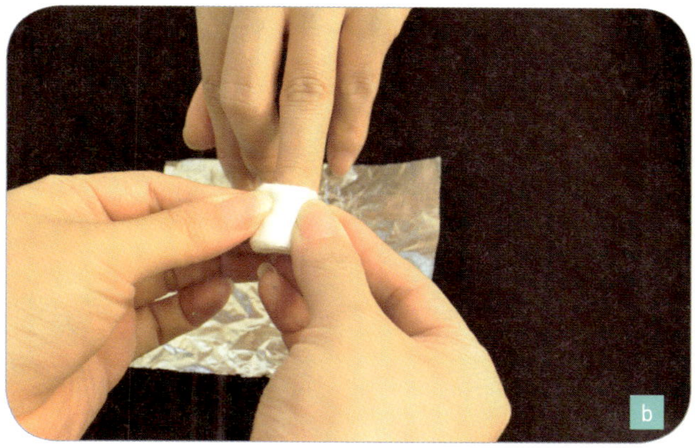
b

c

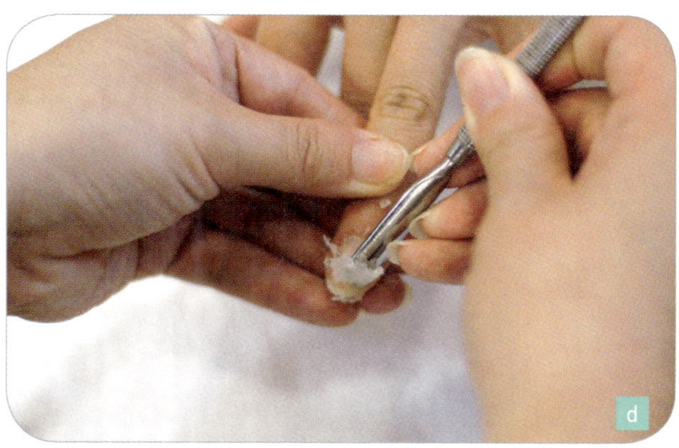
d

5. 젤 원톤 스캅쳐

팁을 이용하지 않고 젤만을 이용하여 손톱을 연장하는 방법이다.

1) 재료

UV GEL 라이트기, 클리어, 베이스 젤, 탑젤, 크리너, 페이퍼/스펀지,
젤 브러쉬, 종이 폼

2) 사전준비

모든 사전 준비는 앞과 동일하다.

3) 시술과정

① 손소독 하기
② 샌딩으로 광택 제거
③ 루즈 스킨 제거

④ 베이스 젤 바르기

큐어링 30초~1분간 실시

(시간은 제품에 따라 다르다)

⑤ 폼 끼우기

폼의 모양에 따라 손톱의 모양이 만들어지므로 자연 네일과 폼 사이에 공간이 생기지 않도록 주의해서 시술한다.

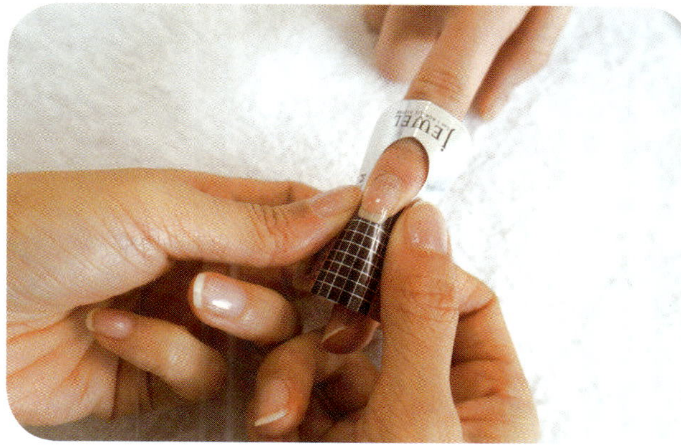

⑥ 폼 위에 클리어 젤 떠서 익스텐션

클리어 젤 도포 후 1분간 큐어링

(두께를 보강하기 위해 전체적으로 클리어 젤 올리기)

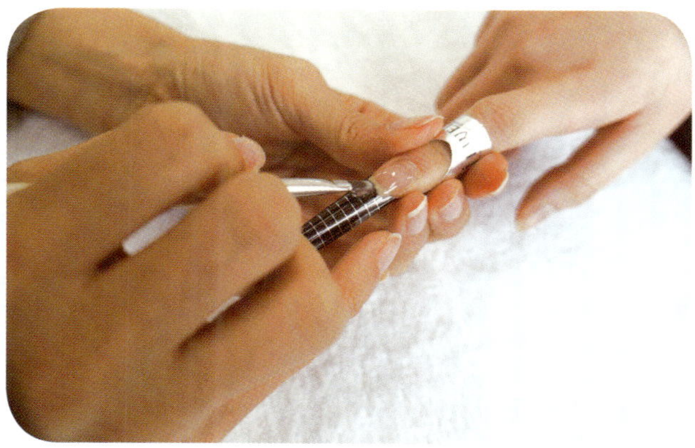

⑦ 핀칭주기

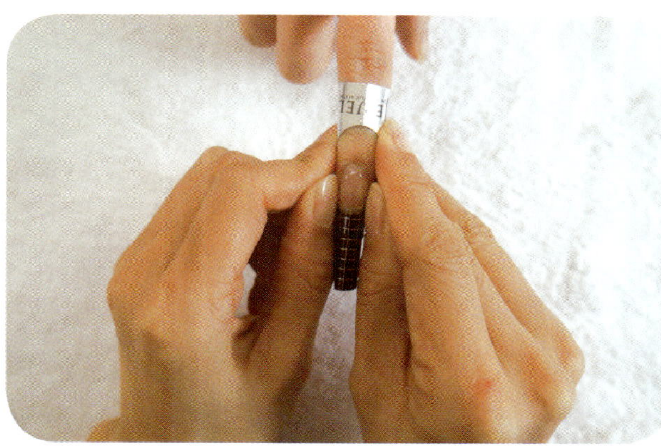

⑧ 폼지 제거

프리엣지 부분부터 제거한다.

⑨ 크리너

끈적이는 젤을 클리너를 적셔 표면을 닦아낸다.

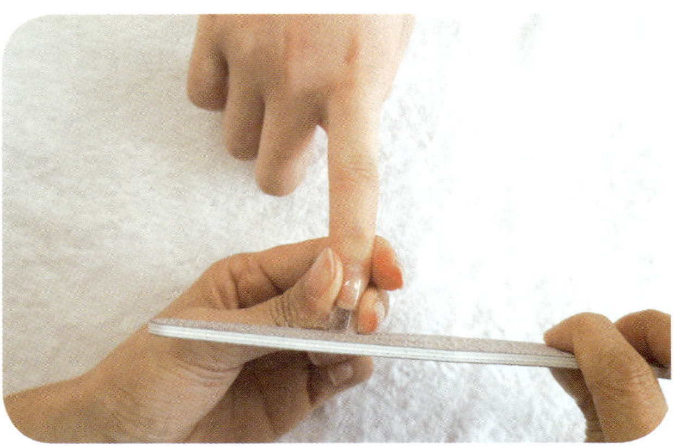

⑩ 파일링하기

표면을 균일하게 버핑하고 쉐입을 잡아준다.

⑪ 샌딩으로 표면정리

⑫ 탑젤 바른 후 3분간 큐어링

(시간은 제품에 따라 다르다)

⑬ 완성

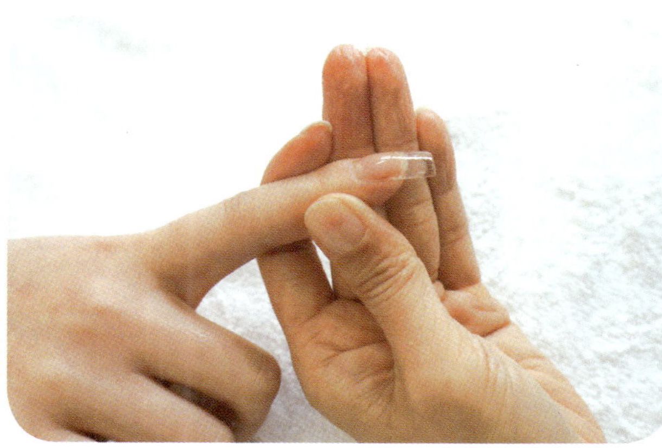

6. 젤 프렌치 스캅쳐

클리어 젤과 화이트 젤을 이용한 투톤 스캅쳐이다. 화이트 젤을 이용하여 프렌치 라인을 만든 다음 핑크나 클리어 젤을 이용하여 오버레이 하여 완성한다.

1) 재료

UV GEL 라이트기, 클리어/화이트 젤, 베이스 젤, 탑 젤, 크리너 페이퍼/스펀지, 젤 브러쉬, 종이 폼

2) 사전준비

모든 사전 준비는 앞과 동일하다.

3) 시술과정

① 손소독 하기
② 샌딩으로 광택 제거
③ 루즈 스킨 제거

④ 베이스 젤 바르기
큐어링 30초~1분간 실시
(시간은 제품에 따라 다르다)

⑤ 폼 끼우기

폼의 모양에 따라 손톱의 모양이 만들어지므로 자연 네일과 폼 사이에 공간이 생기지 않도록 주의해서 시술한다.

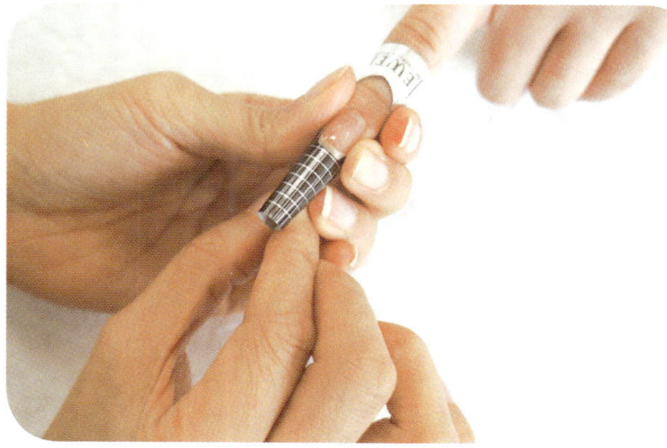

⑥ 폼 위에 화이트 젤 떠서 익스텐션

화이트 젤로 스마일 라인 잡은 후 1분간 큐어링

⑦ 전체적으로 클리어 젤 올리기

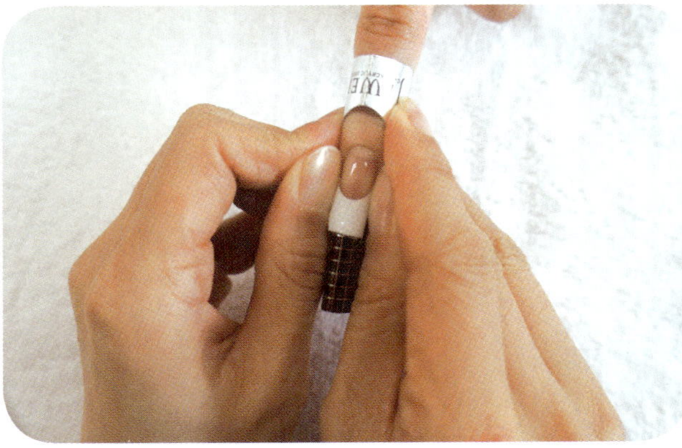

⑧ 핀칭 주기

양쪽 엄지 손톱을 이용해 스트레이트 포인트 부분을 지그시 눌러준다.

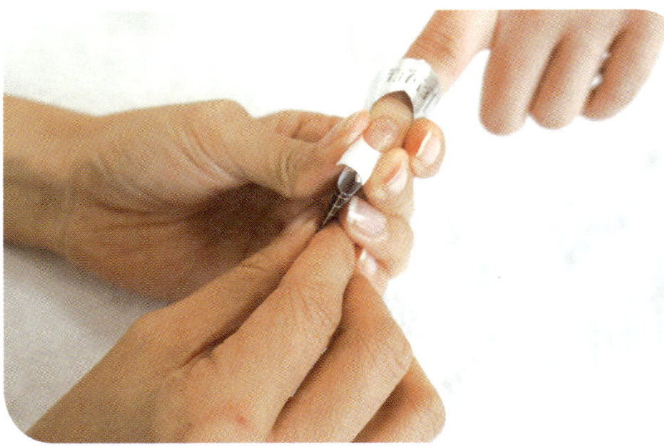

⑨ 폼지 제거

프리엣지 부분부터 제거한다.

⑩ 표면 닦기

끈적이는 젤을 스펀지 또는 크리너를 적셔 표면을 닦아낸다.

⑪ 파일링 하기

표면을 균일하게 버핑하고 쉐입을 잡아준다.

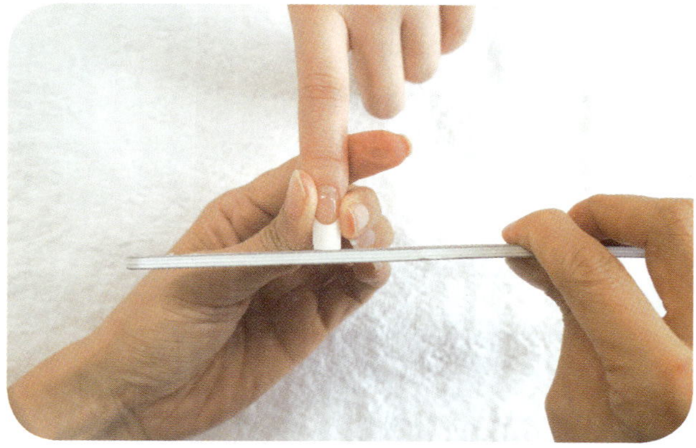

⑫ 샌딩으로 표면정리

⑬ 탑 젤 바르고 3분간 큐어링(시간은 제품에 따라 다르다)

⑭ 완성

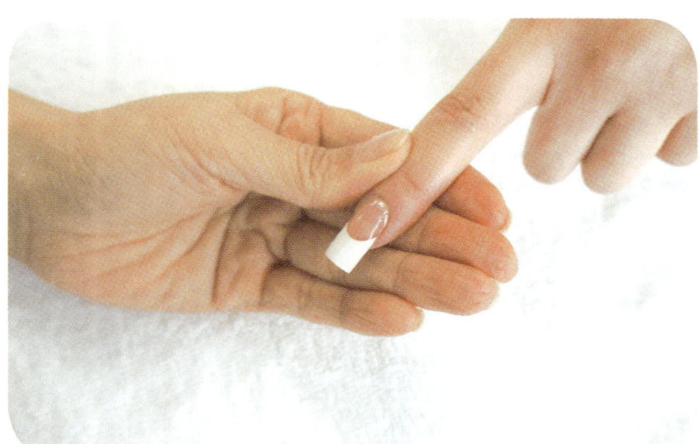

chapter 07

네일아트

1. 그라데이션

1) 재료

폴리쉬 3종류, 베이스 코트, 탑 코트, 스펀지, 호일, 투명 글리터 폴리쉬

2) 시술방법

① 어울리는 3가지 색상의 컬러를 선택한다.

경계가 생기지 않도록 뭉치지 않도록 주의한다.

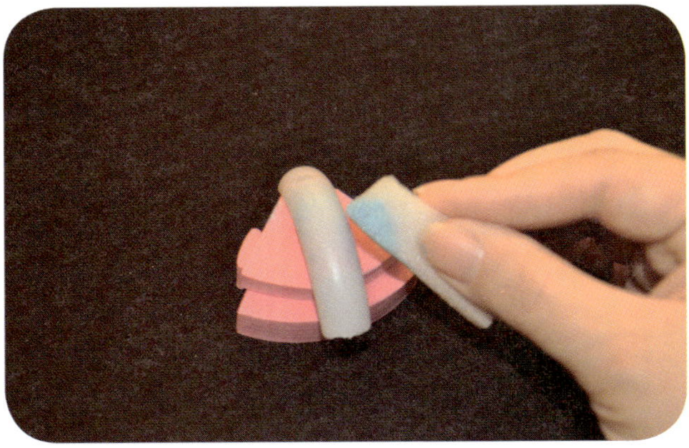

② 가장 연한 색상의 컬러부터 스펀지에 찍어준다.

한 번에 찍어도 되고 3가지 색을 스펀지에 층층이 발라 그라데이션해도 된다.

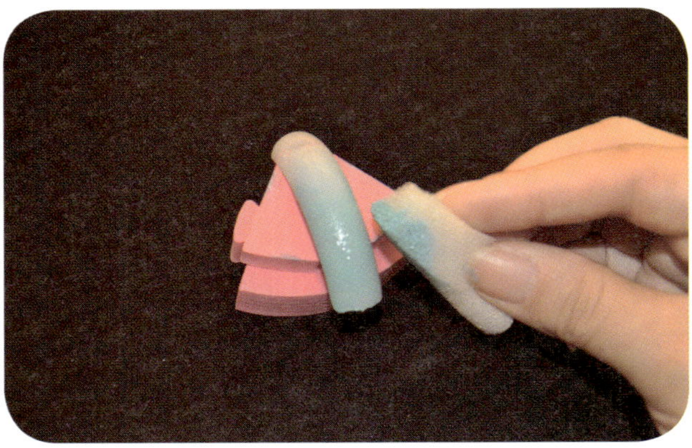

③ 뭉치지 않도록 위에서 부터 찍는다.

가장 짙은색이 프리에지 부분에 오도록 뭉치지 않고 자연스럽게 그라데이션 되도록 두드려준다.

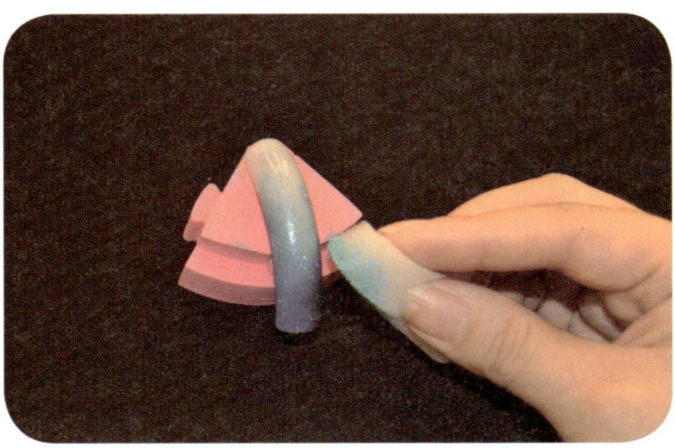

④ 두번째, 세번째 색을 차례대로 스펀지에 찍어 손톱에 시술한다.

색 사이에 경계가 생기지 않도록 주의한다. 경계가 생길 경우 두색이 겹치도록 한 번 더 찍어준다.

⑤ 투명 글리터를 바른 후 탑코트를 바른다.

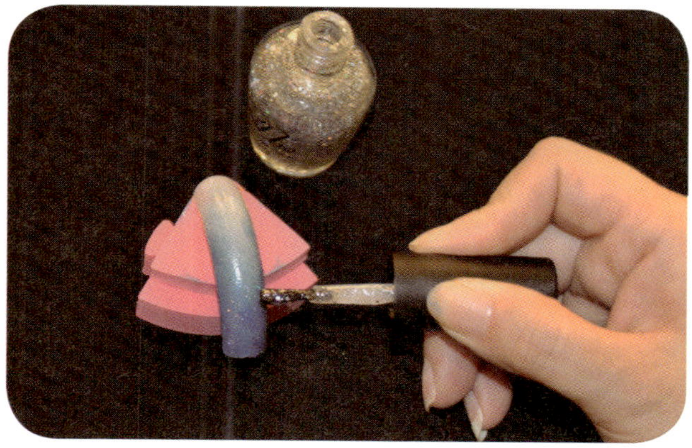

⑥ 완성

2. 워터데칼

1) 재료

베이스코트, 탑코트, 폴리쉬, 핀셋 or 우드스틱, 워터데칼, 종이컵, 물 등

2) 시술방법

① 원하는 워터 데칼과 물과 핀셋 등을 준비한다.

② 베이스컬러를 바른다.

③ 잘라낸 워터데칼을 물에 불린다.

④ 핀셋을 이용하여 원하는 곳에 시술한다.

⑤ 완성한 후 벗겨지지 않도록 탑코트를 바른다.

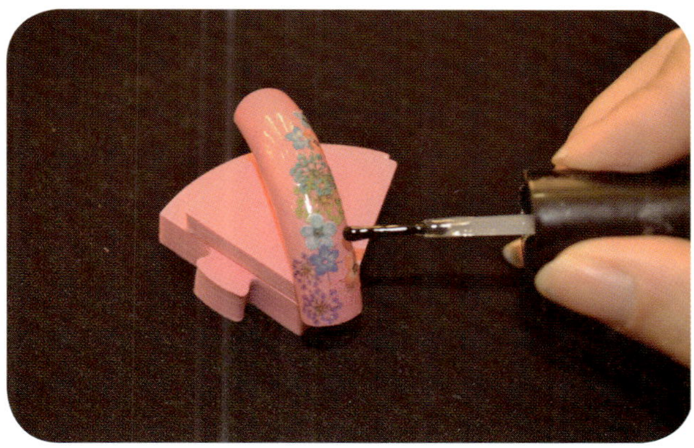

⑥ 완성

3. 데칼(3D 스티커)

1) 재료

베이스코트, 탑코트, 폴리쉬, 핀셋 or 우드스틱, 워데칼, 종이컵, 물 등

2) 시술방법

① 베이스컬러를 바른다.

② 원하는 위치에 디자인하며 스티커를 접착시킨다.

③ 위치를 잡아가며 전체적인 디자인을 잡는다.

④ 완성된 후 벗겨지지 않도록 탑코트를 바른다.

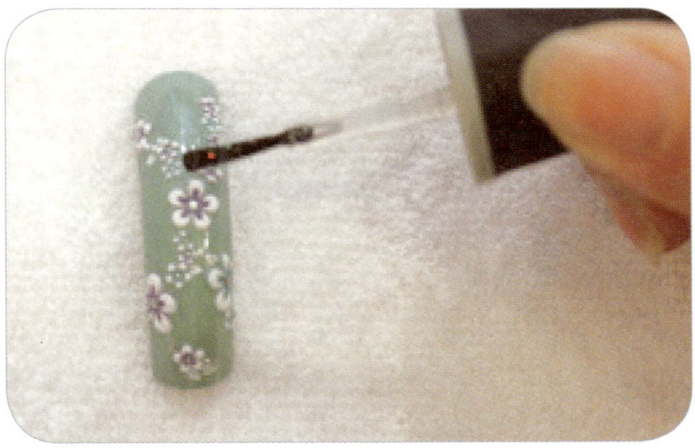

⑤ 완성

4. 포크아트(Fork Art)

포크아트는 Tole Painting이라고도 불린다. Tole이란 말은 프랑스에서 그 어원을 찾을 수 있는데, Tole은 주석 등 철제의 얇은 판을 의미한다. 우리나라 말의 "양철", 영어의 "Tin"이 적당하다.

나라마다 그 역사와 전통이 다르게 존재하듯 포크아트 역시 나라마다 그 유래와 역사가 다르다. 처음에는 그릴 수 있는 소재와 대상이 한정되어 있었지만 점차 변화를 거쳐 그 소재에서도 철제에서 목재, 헝겊, 도자기, 캔버스 등 구애를 받지 않고 일상생활 용품 어디에나 자유롭게 다양한 표현이 가능하게 되었다. 이러한 포크아트 기법이 네일아트의 하나의 기법으로 자리 잡기 시작했다. 고객의 네일 위에 짧은 시간 안에 간단하고 쉽게 표현할 수 있기 때문이다. 또한 평면에 표현하여 오랫동안 유지하며 평면이지만 깊이감이 느껴지게 표현이 가능하다는 장점이 있다.

【브러쉬】

ⓐ 평붓 : 좁은 면을 칠하거나 넓은 면의 사이드 로딩할 때 사용한다.

ⓑ 둥근붓 : 2, 4호를 많이 사용하며 데이지 등 꽃잎과 나뭇잎 표현에 많이 사용한다.

ⓒ 라이너 : 가는선 등 데코레이션 장식을 하는데 많이 사용한다.

1) 데이지

(1) 재료

아크릴물감, 브러시, 물통, 팔레트, 탑코트

(2) 시술방법

① 검은 도화지위에 둥근붓 2호를 이용하여 화이트 색상으로 꽃잎을 그려준다.

② 둥근붓 2호를 이용하여 5꽃잎을 넣을 수 있도록 간격을 조절한다.

③ 다섯 꽃잎의 크기를 약간 다르게 하여 채워준다.

④ 둥근붓 2호를 화이트 색상과 그린색상을 더블 로딩하여 잎사귀를 그려준다.

⑤ 완성

2) 둥근꽃

(1) 재료

아크릴물감, 브러시, 물통, 팔레트, 탑코트

(2) 시술방법

① 평붓 2호를 더블 로딩하여 둥근 꽃잎을 그려준다.

② 간격을 조절하여 꽃잎을 그려준다.

③ 꽃잎 5장을 그리기 위해 구도에 맞추어 차례차례 그려준다.

④ 중심점에 맞게 꽃잎 5장을 완성한다.

⑤ 완성

3) 장미

(1) 재료

아크릴물감, 브러시, 물통, 팔레트, 탑코트

(2) 시술방법

① 평붓 1호를 더블로딩하여 C-스트로크를 3개 연결한다.

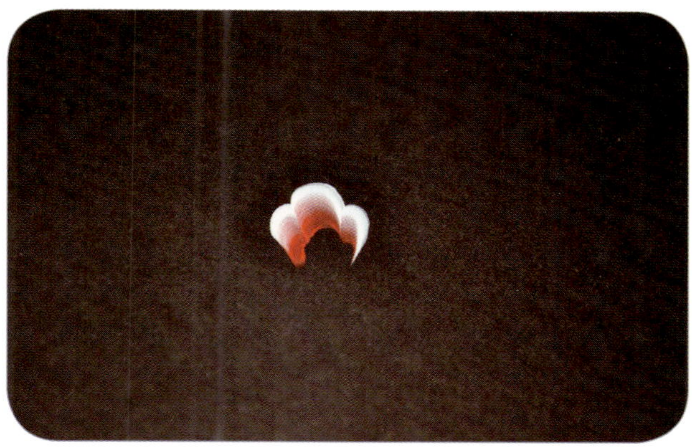

② ①번 가운데 C-스트로크 조금 밑에 평붓 1호를 이용하여 C-스트로크를 한다.

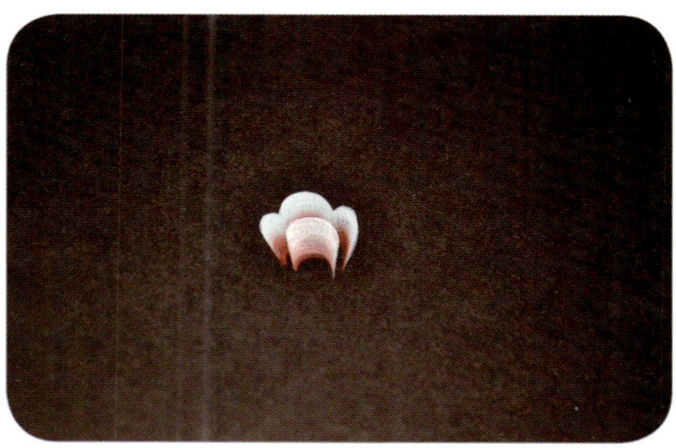

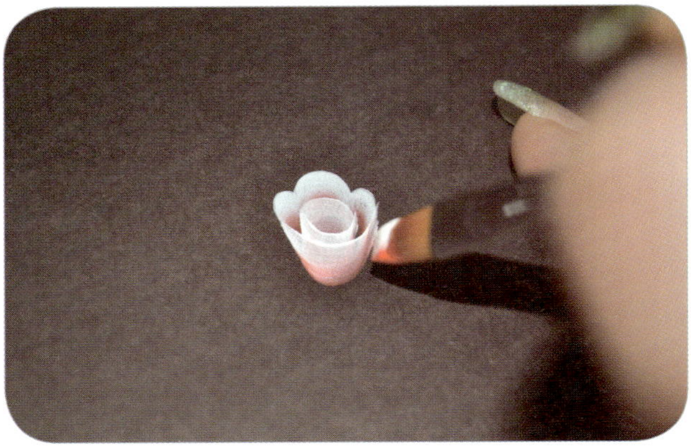

③ ① 가장자리 C-스트로크와 연결하여 밑에 U자형으로 C-스트로크를 그려 꽃 봉우리를 달아준다.

④ 평붓 1호를 이용하여 꽃잎을 한겹 더 그려준다.

⑤ 평붓 1호를 이용하여 꽃받침을 하나씩 만들어준다.

⑥ 평붓 1호를 이용하여 꽃받침을 완성한다.

⑦ 평붓을 이용하여 입사귀의 반쪽을 그려준다.
나머지 반쪽도 그려준다.

⑧ 완성

4) 물고기

(1) 재료

아크릴물감, 브러시, 물통, 팔레트, 탑코트

(2) 시술방법

① 평붓 1호를 45°각도로 잡고 더블 로딩하여 마름모꼴로 만들어 물고기 몸을 만든다.

② 평붓 1호를 45°각도로 잡고 더블 로딩하여 마름모꼴 모양을 더 가늘게 만들어 물고기 꼬리를 만든다.

③ 도트로 눈을 그려준다.

④ 평붓 1호를 이용하여 수초를 표현하기 위해 물결 표현을 한다.

⑤ 완성

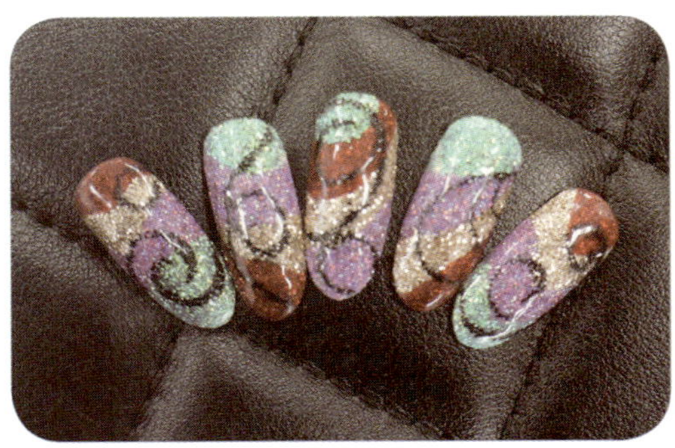

5. 에어브러쉬(AIR BRUSH)

1) 에어브러쉬란

에어브러쉬(Air Brush)는 압축공기를 만드는 컴프레셔를 이용하여 공기를 건을 통하여 페인트가 뿌려주는 원리를 가지고 작업을 하는 것이다.

에어브러쉬로 페인트를 칠하면 붓을 사용해 칠한 것보다 가벼우면서도 멋있고 세련된 연출이 가능하다. 에어브러쉬는 일반적으로 두 가지 동작을 사용하는데 당김쇠를 누르면 에어가 뿜어져 나오고 당김쇠를 뒤로 당김과 동시에 누르는 동작으로 옅고 진한 페인트가 나오게 된다. 이것으로 적은 분량의 페인트를 가볍게, 중간, 진하게 뿌릴 수 있는 양조절이 가능하다. 에어브러쉬 작업은 습기가 있는 대기 중의 공기를 압축해 사용함으로 작업장소의 환기와 습기제거 장치가 필요하다.

2) 에어브러쉬의 특징

- 작업시간이 빠르다.
- 섬세하면서 고급스러운 디자인 표현이 가능하다.
- 두께감이 느껴지지 않는다.
- 같은 디자인을 영구적으로 사용 가능하다.
- 원근감과 명암 표현이 가능하다.

3) 에어브러쉬 건의 부품

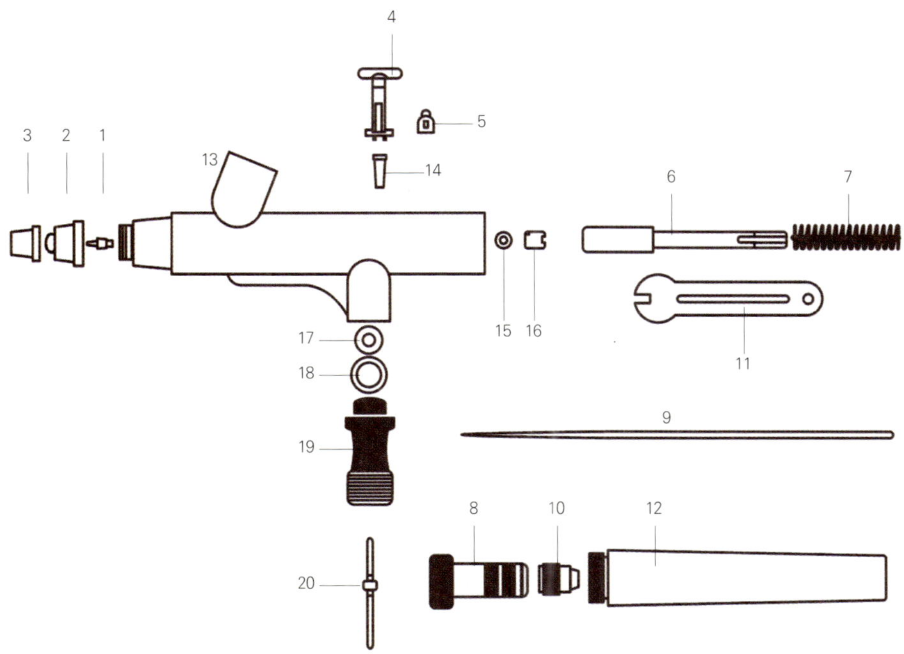

① 노즐(Nozzle) : 물감을 방출시키는 통로로 충격에 약하므로 주의해서 다루도록 한다.

② 노즐 캡(Nozzle cap) : 노즐의 테두리를 둘러싸서 노즐을 보호하는 부품이다.

③ 니들 캡(Niddle cap) : 니들 끝의 물감이 건조해지는 것을 막아주며, 공기와 물감 분사 방향을 일정하게 잡아주는 역할을 한다. 즉, 똑바로 분사될 수 있도록 도와주는 부품이다.

④ 메인 레버(Main lever) : 메인 레버를 누르면 공기가 나오고 누른 상태에서 뒤로 당기면 물감이 분사 된다. 물감의 강약으로 디자인을 표현할 시 많은 연습을 통해 그 정도를 가늠할 수 있다. 즉, 메인 레버의 작동의 능숙도가 디자인의 표현과 관련이 된다.

⑤ 엑셀레버(Auxiliary lever) : 메인 레버와 니들 가이드의 접촉 시 손상을 방지한다.

⑥ 니들 가이드(Niddle guide) : 니들을 고정시켜주는 부품

⑦ 스프링(Spring) : 전진탄력의 힘을 실어준다.

⑧ 스프링 가이드(Spring guide) : 니들가이드와 자리이탈 방지와 스프링의 탄력을 지속시켜 준다.

⑨ 니들(Niddle) : 물감의 분사량을 조절하기 위해 장치된 부품이다. 니들의 끝 부분에 물감의 잔여물이 생기지 않도록 하며 충격에 주의한다.

⑩ 처킹 너트(Chucking nut) : 니들 가이드와 니들이 서로 결합하여 움직이도록 도와준다.

⑪ 렌치(Wrench) : 니들을 풀거나 조일 때 사용한다.

⑫ 핸들(Handle) : 사용하고 난 후에는 핸들을 조립하여 보관한다.

⑬ 투입구(Fluid cap)

⑭ 밸브 피스톤(Valve piston)

⑮ 패킹 플루이드 니들(Packing fluid needle)

⑯ 니들 패킹 스쿠류(Niddle packing screw)

⑰ 패킹 밸브 피스톤(Packing valve piston)

⑱ 에어 밸브 가이드(Air valve guide)

⑲ 에어 밸브 바디(Air valve body)

⑳ 에어밸브(Air valve)

4) 재료

콤프레셔, 핸드피스건, 에어브러쉬 전용물감, 에어브러시 전용 탑 코트, 스탠실, 물통, 건 홀더, 커터칼, 핀셋

5) 시술과정

① 기구 세팅

② 모델 or 인조손톱 준비

③ 건에 페인트를 떨어뜨린다.

④ 종이에 분사하여 감을 익힌다.

⑤ 팁위에 흰색으로 베이스 코팅 작업을 한다. 검은색으로 장미 봉우리와 입을 표현한다.

⑥ 핑크색과 보라색으로 겹장미를 표현한다. 색이 그라데이션으로 표현되며 뿌려질 수 있도록 한다.

순서를 잘 생각하면서 밑에 배경부터 디자인한다.

⑦ 전체적으로 구도를 잡아 완성한다.

⑨ 작업이 마무리 되면 마른상태에서 탑코트를 바르고 펄라인이나 글리터로 화려함을 강조할 수 있다.

⑩ 완성

6. 컬러마블

여러 가지 색상의 폴리쉬 또는 마블전용 컬러를 사용하여 우드스틱, 툴, 마블러를 이용해서 여러 문양을 만드는 기법이다. 폴리쉬가 두껍게 입혀지므로 건조에 신경을 써야 한다.

1) 재료

다양한 색상의 폴리쉬, 마블러, 툴, 베이스코트, 탑코트 등

2) 사전준비

모든 사전 준비는 앞과 동일하다.

3) 시술과정

① 손소독 하기
② 샌딩으로 광택 제거
③ 루즈 스킨 제거
④ 네일 바디에만 빌더 젤 또는 본더 젤 바르기(베이스 젤 바르기)
⑤ 30초~1분간 큐어링(시간은 제품에 따라 다르다)
①~⑤의 경우(자연 네일의 경우에 해당된다)

⑥ 베이스 코트를 바르고 마르기 전에 바탕색 폴리쉬를 바른다.

⑦ 다른 색의 팔리쉬를 몇 방울 떨어뜨리고 처음 바탕색의 폴리쉬 몇 방울 떨어뜨린다.

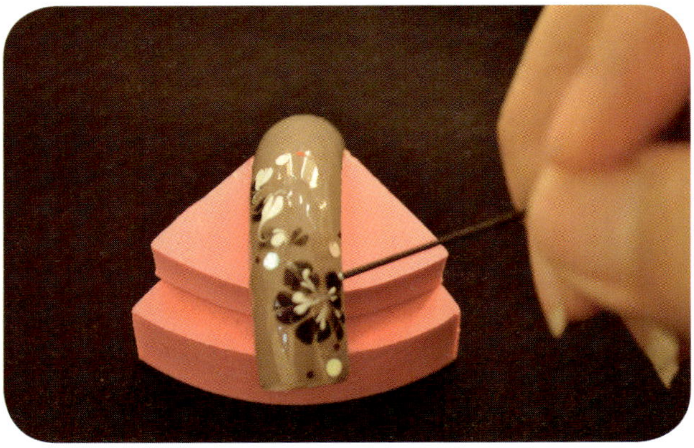

⑧ 툴이나 마블러로 문질러 무늬를 만든다.

⑨ 마르면 탑코트를 바른다.

⑩ 완성

7. 워터 마블

여러 가지 색상의 폴리쉬 또는 마블전용 컬러를 사용하여 이쑤시개 혹은 실핀 등 얇고 길쭉한 도구를 이용해서 여러 문양을 만드는 기법이다. 폴리쉬에 물기가 남아 있으므로 건조에 신경을 써야 한다.

1) 재료

물을 담을 곳(종이 컵), 물, 이쑤시개 혹은 실핀 등 얇고 길쭉한 도구,
탑코트, 매니큐어(하고 싶은 다양한 색상의 폴리쉬 – 사진에선 노란색, 빨강색, 흰색)

2) 사전준비

모든 사전 준비는 앞과 동일하다.

3) 시술과정

① 손소독 하기
② 샌딩으로 광택 제거
③ 루즈 스킨 제거
④ 네일 바디에만 빌더 젤 또는 본더 젤 바르기(베이스 젤 바르기)
⑤ 3분간 큐어링(시간은 제품에 따라 다르다)
①~⑤의 경우(자연 네일의 경우에 해당된다)

⑥ 볼이나 컵에 물을 채워 놓는다.

⑦ 여러 가지 폴리쉬를 차례대로 컵에 떨어뜨린다.

⑧ 떨어뜨린 폴리쉬를 실핀을 이용하여 다양하게 디자인을 만든다.

⑨ 워터마블을 하고자하는 팁 혹은 손톱을 뒤집어서 물과 수평이 되도록 하여 담궈 준다.(푹~)

⑩ 마르면 탑코트를 바른다.

⑪ 완성

8. 젤 아트

흔히 사람들은 젤네일은 아크릴릭 원료에서 만들어 졌다는 사실을 많이 알지 못한다. 아크릴릭 원료에서 떨어져 나와 젤의 고유성질이 되는데 젤은 아크릴릭과 화학적으로 비슷한 밀도를 갖는 물질이면서 별도의 응고물질인 카타리스트(Catalist)가 필요하다. 젤은 시술방법, 제거방법에 따라 구분된다. 시술방법에 따른 구분은 특수 광선이나 UV 램프의 빛을 비쳐주는 머신을 사용해 굳게 하는 라이트 큐어드 젤과 머신대신 별도의 응고물질을 브러시로 바르거나 스프레이를 분사해 굳어지는 노라이트 젤이다. 제거 방법에 따라서는 속에 녹는 속 오프 젤과 녹지 않는 일반 젤로 구분된다. 젤 제품은 시간이 지나도 광이 반짝거리며 리프팅현상이 적은 장점이 있다.

젤의 장점을 아크릴과 비교해보면 젤은 아크릴의 특유의 냄새가 없어서 어디에서든 기분 좋게 시술할 수 있을 정도로 냄새가 없다는 큰 장점이 있으며 아크릴에 비해 뛰어난 광택감과 투명감이 탁월하고 탑젤이 있어 쉽게 고광택을 낼 수 있다. 또한, 아크릴에 알러지가 있는 사람도 안심하고 사용할 수 있으며 유연성이 좋고 리프팅이 잘 일어나지 않으며 아크릴에 비해 소프트하기 때문에 파일링이 쉽고 중간그릿 파일 하나로 파일 가능하기 때문에 작업시간이 매우 단축된다. 젤은 Self-Level이 되기 때문에 컨트롤이 쉽고 UV램프에 큐어링 하기 전까지 자유롭게 만질 수 있는 장점이 있다.

(1) 젤 마블

여러 가지 색의 젤을 이용하여 큐어링 하기 전에 섞어 주는 것을 말한다.

1) 재료

UV GEL 라이트기, 클리어 젤, 베이스 젤, 탑 젤, 크리너,
페이퍼/스펀지, 젤 브러쉬, 다양한 컬러젤

2) 사전준비

모든 사전 준비는 앞과 동일하다.

3) 시술과정

① 손소독 하기
② 샌딩으로 광택 제거
③ 루즈 스킨 제거
④ 네일 바디에만 빌더 젤 또는 본더 젤 바르기(베이스 젤 바르기)
⑤ 30초~1분간 큐어링(시간은 제품에 따라 다르다)

①~⑤의 경우(자연 네일의 경우에 해당된다)

⑥ 표면에 바탕색 젤을 바른다.

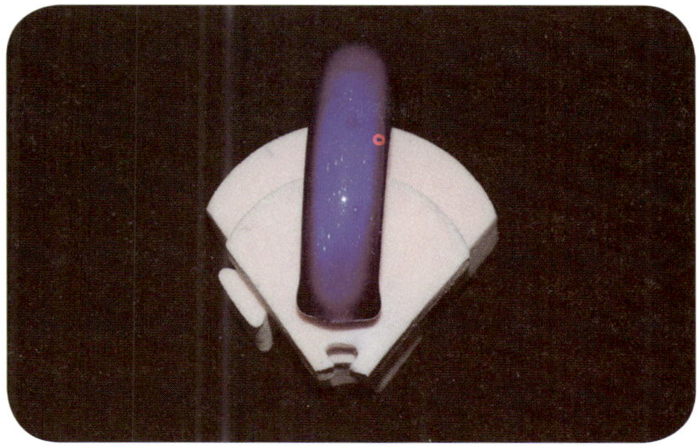

⑦ 원하는 색상의 젤을 바른다.

⑧ 툴이나 작은 젤 브러시를 이용하여 원하는 모양대로 만들어준다.

⑨ 큐어링 한다.

⑩ 젤이 고르게 바르지 않았다면 다시 젤을 올리고 큐어링 후 파일링 한다.

⑪ 샌딩으로 표면정리

⑫ 파일링 후 미니브러시로 털어주기

⑩~⑫의 경우(자연 네일의 경우에 해당된다)

⑬ 탑 젤 바르기

⑭ 1분간 큐어링

(제조회사 마다 다를 수 있다)

⑮ 완성

(2) 젤 디자인(핸드페인팅)

핸드페인팅이란 Hand + Painting의 합성어로 말 그대로 '손+그림'이라는 뜻이다. 물감과 붓을 이용하여 직접 손으로 디자인 하는 것을 말하는데 여기에선 물감대신 젤을 젤 브러쉬(붓)로 직접 그리는 것을 말한다.

1) 재료

UV GEL 라이트기, 클리어 젤, 베이스 젤, 탑 젤, 크리너,
페이퍼/스펀지, 젤 브러쉬, 다양한 컬러젤

2) 사전준비

모든 사전 준비는 앞과 동일하다.

3) 시술과정

① 손소독 하기
② 샌딩으로 광택 제거
③ 루즈 스킨 제거
④ 네일 바디에만 빌더 젤 또는 본더 젤 바르기(베이스 젤 바르기)
⑤ 30~1분간 큐어링(시간은 제품에 따라 다르다)
①~⑤의 경우(자연 네일의 경우에 해당된다)

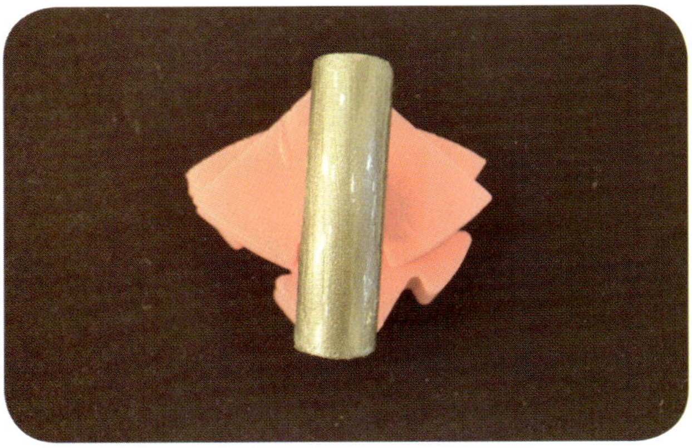

⑥ 원하는 색깔의 바탕색 젤을 바른다.

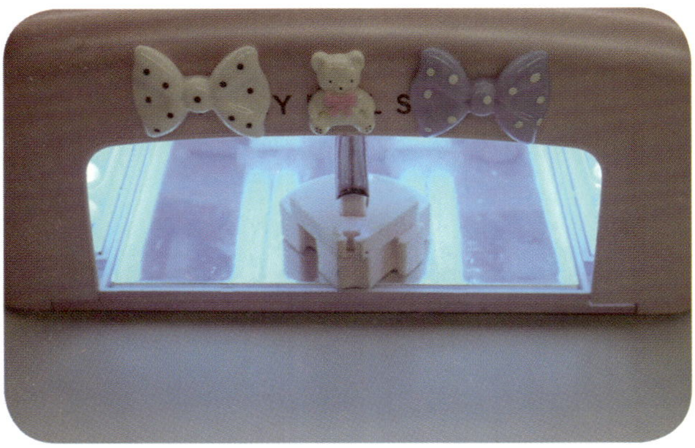

⑦ 큐어링을 한다.

⑧ 젤을 이용하여 물감으로 그림을 그리듯이 꽃잎을 그려준다.

움직이지 않게 바로 바로 큐어링을 해준다.

⑨ 하나씩 그려주고 움직이지 않게 바로 큐어링 해 준다.

⑩ 탑젤을 바른다.

⑪ 1분간 큐어링

(시간은 제품에 따라 다를 수 있다)

⑫ 완성

(3) 젤 디자인(엠보싱)

젤을 이용하여 디자인을 표현하는 기법으로 다양한 재료를 사용할 수 있다. 정교하게 만들어 표현 하고자 하는 모양을 입체감 있게 표현 할 수 있고, 사실적으로도 표현할 수 있다. 기본적인 꽃모양부터 회화적인 표현까지 가능하다.

1) 재료

UV GEL 라이트기, 클리어 젤, 베이스 젤, 탑 젤, 크리너, 페이퍼/스펀지, 젤 브러쉬, 다양한 컬러젤

2) 사전준비

모든 사전 준비는 앞과 동일하다.

3) 시술과정

① 손소독 하기
② 샌딩으로 광택 제거
③ 루즈 스킨 제거
④ 네일 바디에만 빌더 젤 또는 본더 젤 바르기(베이스 젤 바르기)
⑤ 30~1분간 큐어링(시간은 제품에 따라 다르다)
①~⑤의 경우(자연 네일의 경우에 해당된다)

⑥ 아우트라인 잡기

동물은 눈 코, 입의 위치가 중요 귀여운 느낌을 표현시에는 눈과 눈 사이, 코의 위치가 좁아진다.

자신이 원하는 사이즈보다 작게 아우트라인을 그려주고 연한색으로 표현한다.

⑦ 기본 베이스 석감 바르기

⑧ 기본 베이스 색감 더하기(덧칠)

한 번에 많이 바르는 것 보다 여러 번 얇게 바르는 것이 적당하다.

⑨ 고양이의 털 표현

고양이의 털 방향을 생각하면서 한올한올 표현한다.

⑩ 고양이의 특징 잡기

볼록한 부분을 표현한다.

(이마, 눈두덩이, 인중 순서대로)

⑪ 눈 표현

고양이 특징을 살려 눈동자를 가늘게 표현해도 좋다.

귀여운 느낌 표현 시에는 눈동자를 동그랗게 한다.

얼굴 전체에 클리어 젤을 바르고 큐어링을 한다.

⑫ 콧수염과 눈썹 털 섬세하게 표현

마지막 털 표현 시, 클리어 젤을 바른 후 사용하면 입체적인 느낌을 살릴 수 있다.

⑬ 탑 젤을 바른다.

⑭ 1분간 큐어링

(시간은 제품마다 다를 수 있다.)

⑮ 완성

(4) 디자인 스캅쳐

스캅쳐란 자연 네일의 윗부분에 아크릴을 덮어서 손톱의 길이를 연장하여 만드는 인조 네일의 형태를 말한다.

색상과 꽃, 동물, 풍경 등을 자유롭게 구사할 수 있어 손톱위에 펼쳐지는 아름다운 예술이라 할 수 있다.

흔히 손재주가 없다는 이유로 두려움에 아트를 시작하지 못하고 쉽게 포기하기도 하는데 디자인 할 때는 디자인의 구도와 조형적인 요소 색감, 형, 질감 등을 고려한다면 조화와 균형이 좋은 작품을 만들 수 있다.

1) 재료

화이트, 클리어, 컬러 파우더, 리퀴드, 브러시 크리너,
아크릴 브러쉬, 리퀴드 볼, 큐빅 등

2) 사전준비

모든 사전 준비는 앞과 동일하다.

3) 시술과정

① 손소독 하기

② 샌딩으로 광택 제거

③ 루즈 스킨 제거

④ 네일 바디에만 빌더 젤 또는 본더 젤 바르기(베이스 젤 바르기)

⑤ 30~1분간 큐어링(시간은 제품에 따라 다르다)

①~⑤의 경우(자연 네일의 경우에 해당된다)

⑥ 컬러 파우더로 바탕 디자인 하기

⑦ 아랫부분에 꽃을 한 장씩 만들어 준다.

⑧ 윗 꽃잎을 겹쳐서 올린다.

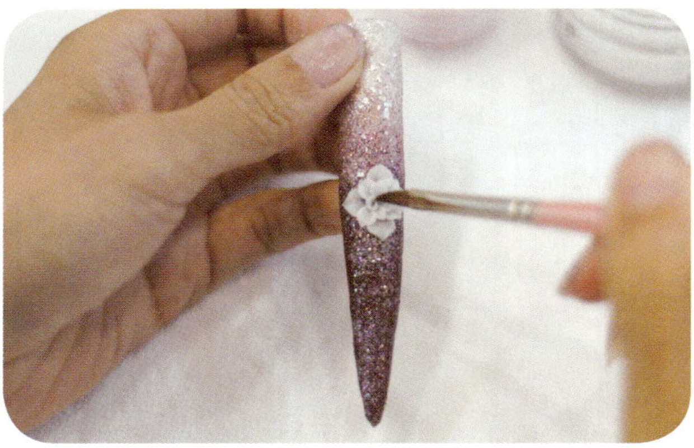

⑨ 계속해서 꽃잎을 겹쳐 꽃을 완성한다.

⑩ 잎사귀를 만들어 준다.

⑪ 꾸미기

스톤이나 비트 등을 이용하여 아름답게 꾸며준다.

⑫ 탑코트나 실러를 발라준다.

⑬ 완성

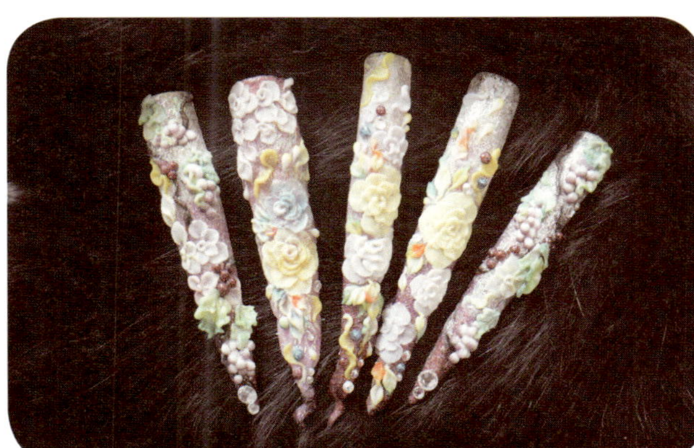

chapter 08

왁싱(Waxing)

제모란 신체 부위에서 원하지 않는 털을 제거하는 시술을 말한다. 제모의 방법은 여러 가지가 있는데 통상적으로 왁스를 이용한 제모방법을 왁싱(waxing)이라 한다. 왁싱은 털의 모근까지 제거하기 때문에 털이 다시 성장하는데 2주~4주 정도 소요된다.

1) 재료

왁스, 워머기, 나무 스파츌라, 무슬린천, 파우더, 오일, 알콜, 솜 등

(1) 무슬린천 – 15cm 전후로 자르고 깨끗한 장소에 보관한다.

(2) 파우더 – 유·수분기 제거

(3) 오일 – 시술 후 남아 있는 왁스를 제거

2) 시술과정

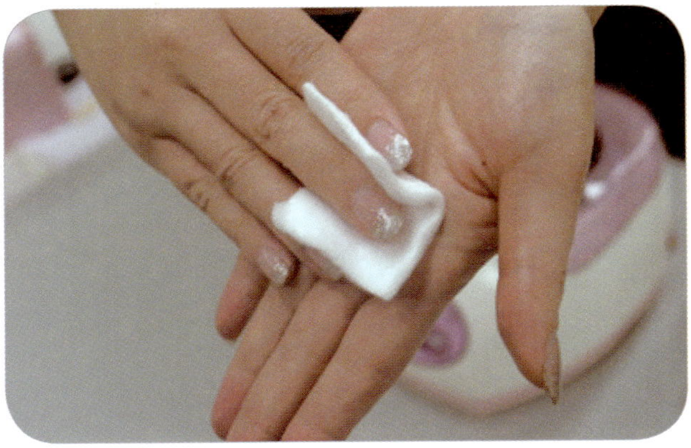

① 시술자 손 소독하기

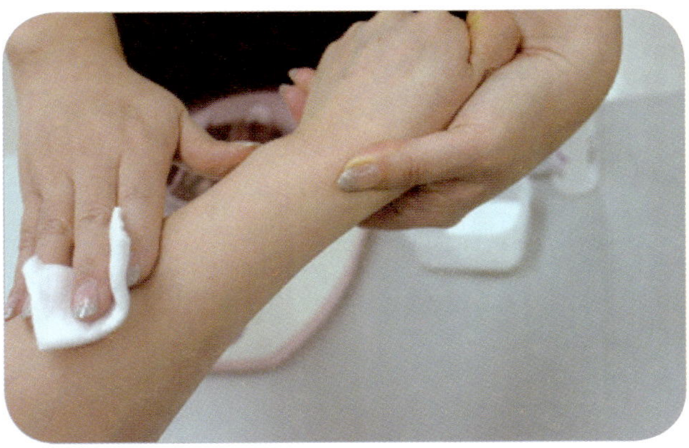

② 고객 팔 소독하기

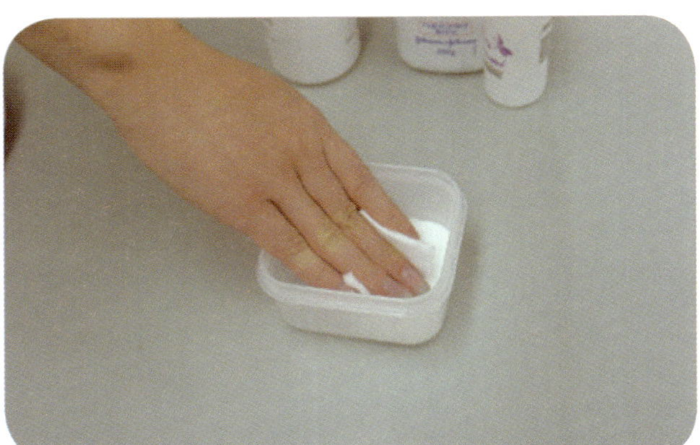

③ 파우더를 솜에 묻혀 수분기를 제거한다.

④ 스파츌라에 왁스를 묻혀준다.

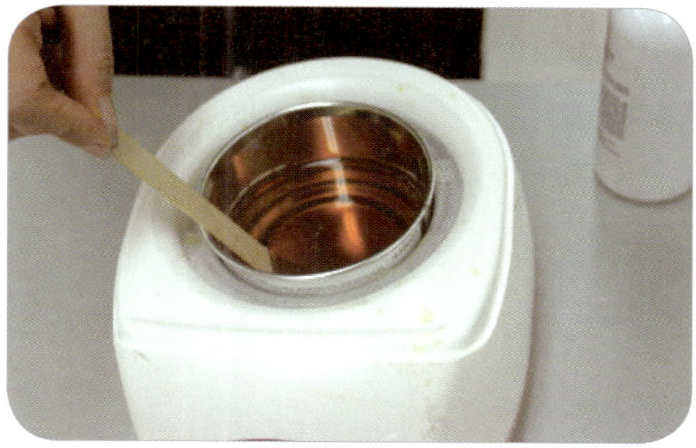

⑤ 양이 너무 많지 않도록 조절 한다.

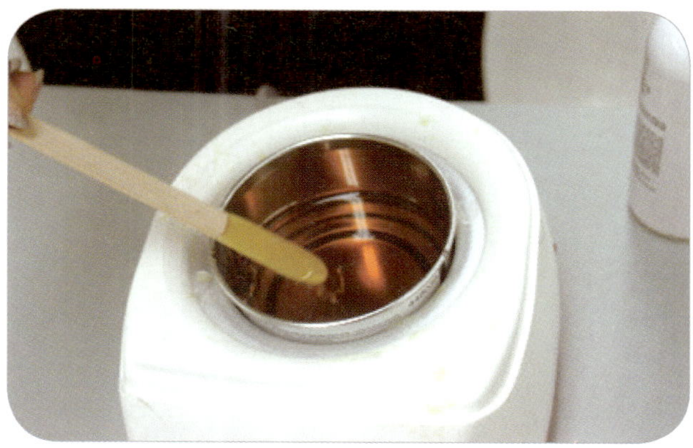

⑥ 온도가 적당한지 시술자 손목에 테스트 한다.

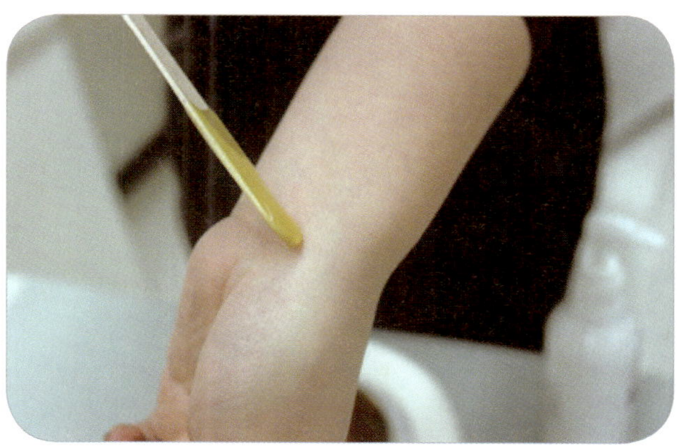

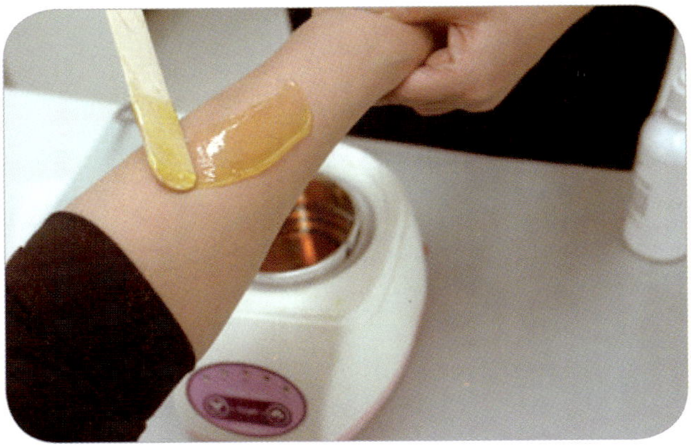

⑦ 시술하고자 하는 부위에 왁스를 털이 자라는 방향으로 발라준다.

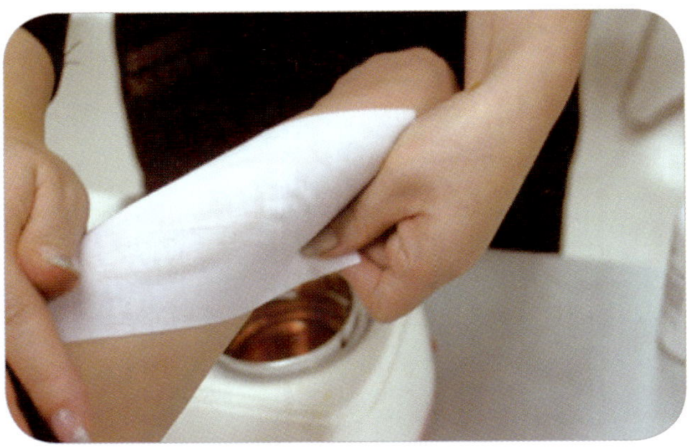

⑧ 위에 무슬린 천을 덮는다.

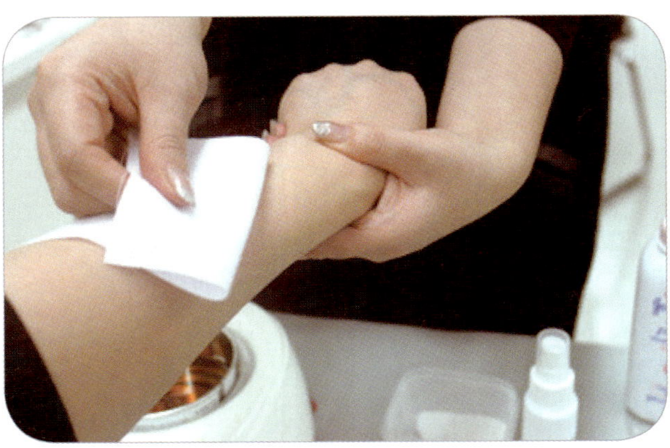

⑨ 털이 자라는 반대 방향으로 무슬린 천을 떼어준다.

⑩ 바로 시술자의 손으로 진정 시킨다.

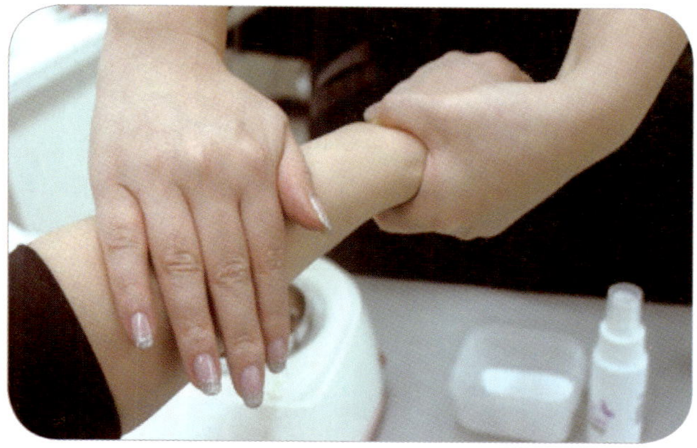

⑪ 오일을 이용하여 잔여 왁스를 닦아낸다.

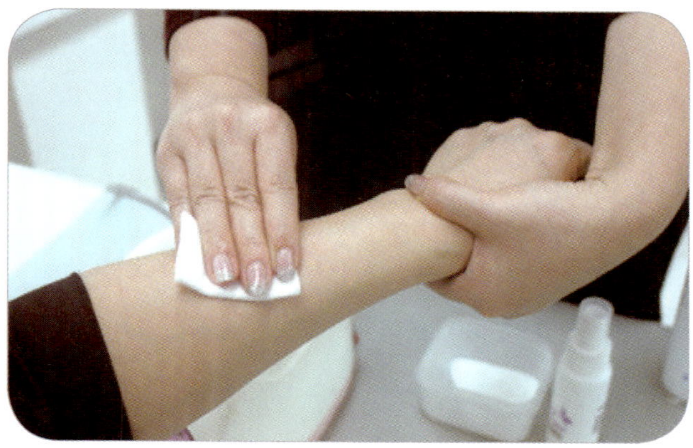

⑫ 솜에 알콜을 묻혀 시술부위를 소독한다.

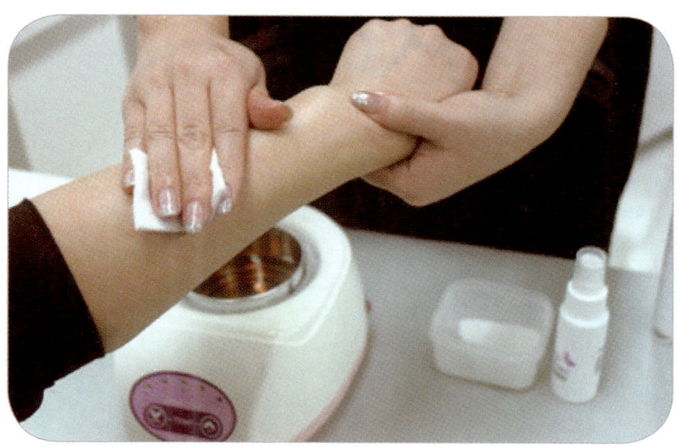

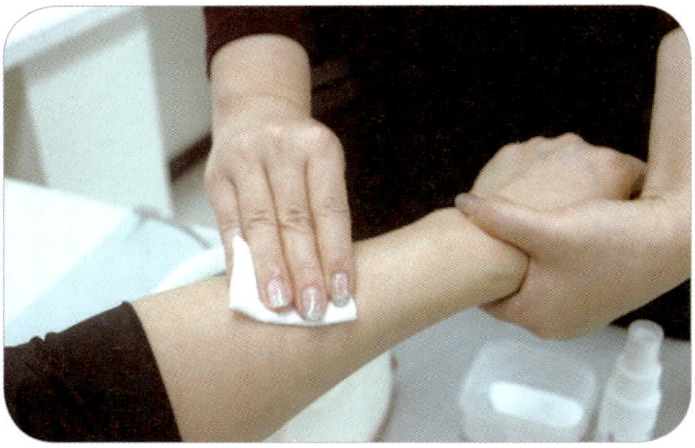

⑬ 솜에 파우더를 묻혀 수분기를 없애준다.

chapter 09

네일 전문 용어

ㄱ

- **각탕기:** 발을 담그는데 사용되는 기구
- **글루(Glue):** 인조손톱을 붙이거나 갈라진 손톱을 보수하기 위한 접착제, 한 순간에 접착되므로 주의
- **글루 드라이어 (Glue direr):** 글루를 빨리 굳게 하는 경화제
- **글루리무버 (Glue remover):** 글루로 접착시킨 인조네일 등을 떼어낼 때에 사용

ㄴ

- **넌옐로우탑코드 (Non-yellow top coat):** 네일 에나멜이 태양광선이나 화학물질에 의해서 변색되는 것을 방지
- **네일랩 (Nail wrap):** 손톱을 씌워준다는 뜻으로 오버레이(overlays)라고도 한다. 이것은 페브릭(fabric)을 접착제로 손톱에 붙이는 것을 말한다.
- **네일에나멜 (Nail enamel):** 유색 팔리시, 라커라고도 하며 손톱에 발라주는 유색의 화장제이다.
- **네일화이트너 (Nail whitener):** 손톱의 프리엣지 부분을 희게 보이도록 해주는 것으로 주성분은 산화연, 티타늄, 디옥사이드이다.
- **니퍼 (Nipper):** 손톱 주변의 굳은살(큐티클)을 제거하는 도구

ㄷ

- **더스트 브러시 (Dust brush):** 손톱 주변의 먼지나 이물질을 털어내는 도구
- **드릴 (Drill):** 인조 손톱을 정리할 때 쓰는 전동기구
- **디스펜서 (Disoenser):** 리무버를 담아 놓는 통

ㄹ

- **라이트 큐어드 젤 (Light cured gel):** 두껍게 올라가는 젤과 얇게 올라가는 젤이 있다.
- **레귤러팁 (Regular tip):** 인조손톱을 붙일 때 쓰는 재료
- **리무버 (Remover):** 팔리쉬를 지울 때 쓰는 재료

ㅁ

- **메이크업박스 (Make-up box):** 제품을 담아 휴대할 수 있는 상자
- **무슬린 (Muslin):** 왁싱 시술시 허니를 바른 후 털을 제거할 때 사용하는 천

ㅂ

- **버퍼 (Buffer):** 인조손톱 또는 자연손톱의 표면을 자연 광택이 나게 만들어 줄 수 있는 연마스틱으로 거칠기가 3~4 단계로 되어 있다.
- **베이스코트 (Basecoat):** 손톱 보호제, 폴리쉬를 바르기 전 손톱전체에 발라 손톱에 색소침착을 막고 손톱과 폴리쉬의 접착력을 높인다.
- **브러시 (Brush):** 아트용 브러시
- **브러시페인팅 (Brush painting):** 네일전용 물감을 이용하여 손톱에 다양한 그림을 그림, 물감에 붓이 부속된 것과 아크릴릭 물감만 있어 여러 종류의 붓을 따로 구입해서 사용하는 것이 있다.

ㅅ

- **샌딩버퍼 (Sanding buffer):** 샌딩블럭이라고도 함. 손톱이나 네일팁의 거친 부분을 매끄럽게 마무리할 때 사용되는 도구로 검은색 또는 흰색이 있다.
- **솔벤트:** 네일폴리쉬의 전용 신나
- **스캅쳐네일 (Sculptured nail):** Nail form을 사용하여 손톱을 만들어 주는 방법
- **스텐실 (Stencil):** 에어브러쉬 아트를 할 때 쓰는 도구
- **스프라이핑 테이프 (Striping tape):** gold, silver 등 여러 색상의 Line Tape로 선을 만들 때 사용한다. 이 테입은 끈적끈적한 뒷면을 가지고 있어 표피와 프리엣지로부터 1/16 inch 떨어져 테입을 잘라야 벗겨지지 않고 손톱에서 말려 떨어져 나가지 않게 된다. 테입 위에 탑코트를 바른다.
- **쓰리디 (3D):** Three-dimension의 약어. 인조보석, 글리터 또는 아크릴릭을 사용하는 입체 조형물
- **실크 (Silk):** 손톱에 랩을 하거나 길이를 연장하는 천

ㅇ

- **아크릴리퀴드 (Acrylic liquid):** 아크릴 파우더와 혼합해서 쓰는 용액
- **아크릴릭네일 (Acrylic nail):** 아크릴릭 액체와 아크릴릭 파우더 제품의 혼합으로 만드는 것
- **아크릴물감:** 속건성(速乾性), 내수성(耐水性)이 뛰어나기 때문에 네일아트에 적합한 물감이다. 네일아트한 다음 탑코트를 발라주면 색상의 선명함과 지속성을 더할 수 있다.
- **아크릴폼 (Acrylic form):** 아크릴과 손을 지탱해주는 지짓대
- **앞치마 (Apron):** 작업할 때 몸의 앞쪽 전체나 하반신 앞쪽만을 가릴 수 있게 천으로 만든 물건
- **에머리보드 (Emery board):** 손톱의 모양을 다듬거나 면을 부드럽게 만들어 줄 때 사용한다.
- **에어브러시 건 (Airbrush gun):** 공기를 이용해 물감을 분사시키는 도구
- **에어호스 (Air hose):** 압축공기캔과 에어브러시건을 연결하는 호스
- **오버 스퀘어팁 (Over square tip):** 스퀘어의 각이 조금 둥글게 되 형태. 에머리보드를 30° 정도 기울여서 수평으로 밀어준다.
- **왁싱 (Waxing):** 시체의 불필요한 털을 제거하는 것으로 주로 외관상 노출된 부위의 털을 제거하고자 할 때 사용
- **유브이 탑코트 (UV top coat):** UV 광선을 이용해서 네일 에나멜을 건조시킬 때 사용되는 탑코트.

- **인조보석 (Rhine stone):** 큐빅 등 작은 모조 다이아몬드로 여러 가지 색깔과 크기가 있다. 베이스코트와 폴리쉬를 바른 후 라인스톤을 오렌지우드스틱을 사용해서 디자인 한다. 그 다음 탑코트를 바른다.
- **워터데칼 (Water decal):** 폴리쉬가 마른 다음 원하는 디자인을 오려서 물에 30초 정도 담구었다가 그림만 떼어내어 손톱 위에 붙인다. 그 후 탑코트를 바른다.

ㅈ

- **전기네일건조기 (Electric nail dryer):** 네일 팔리시를 좀 더 빠르게 건조시키기 위한 전기기구로서 그냥 바람을 이용하는 팬이 있고 자외선을 이용하는 UV light dryer도 있다.
- **지혈제 (Hemostatic):** 가벼운 출혈을 멈추게 하는 역할로 액체 또는 분말 타입이 있다. 절대로 손으로 누르거나 문질러서는 안 된다.
- **콘커터 (Corn cutter):** 발바닥의 굳은 살을 제거하는 재료
- **큐티클 (Cutticle):** 감피(甘皮)라고도 하는 조상피(爪上皮)를 말한다. 손톱이 자랄 때 새로나온 손톱을 보호하는 역할을 하지만 계속해서 붙어 있으면 손톱의 발육을 방해하게 된다.
- **큐티클 용해제 (Cutticle slovent):** 매니큐어나 페디큐어를 시술할 때 푸셔를 사용하기 전에 큐티클을 부드럽고 느슨하게 만들 때 사용한다.
- **클리퍼 (Cilpper):** 손톱의 길이를 조절하는 재료

ㅌ

- **토우 세퍼레이터 (Toe separator):** 팔리쉬를 칠할 때 발가락 사이에 끼우는 재료
- **팁커터 (Tip cutter):** 팁의 길이를 조절하는 재료

ㅍ

- **파일링 (Filling):** 파일로 손톱을 가는 작업
- **페디화일 (Pedi-file):** 발바닥의 굳은 살을 제거하는 재료

- **페디큐어 슬리퍼 (Pedicure slippers):** 에나멜이 마를 때까지 신을 수 있는 앞이 트인 슬리퍼로 1회용 종이 슬리퍼와 여러가지 색상의 스펀지 슬리퍼도 있다.
- **폴리쉬 (Polish):** 매니큐어, 네일컬러, 에나멜 등으로 불리우는 손톱에 색을 입히기 위한 화장품
- **푸셔 (Pusher):** 손톱주변의 굳은 살을 밀어올리는 도구. 루비스톤(ruby stone)이라고 하여 고운 돌 성분으로 되어 있는 것도 있다.
- **프렌치네일 (French nail):** 일반적으로는 손톱 끝부분에 흰색을 사용해 두가지 색상을 대비시킨 아트. 응용으로 흰색이 아닌 컬러풀한 색의 조합도 있다.
- **프로트랜스 (Pro-trans):** 예쁜 그림이나 연예인 사진 등을 손톱에 올려 표현하는 것으로 프로트랜스 전용액이 사용됨
- **핑거보울 (Finger bowl):** 매니큐어 볼이라고도 하며 손톱 주변의 굳은 살을 불릴 때 쓰는 보울

ㅎ

- **핸드 드릴 (Hand drill):** 손톱 끝에 구멍을 낼 때 사용하는 기구
- **허니 왁스 (Honey wax):** 제모에 사용하는 왁스

chapter 10

미국 네일 규정

뉴욕주 Curriculum for Nail Care Course

§162.1 Nail specialty

(a) Scope of curriculum. Educational requirements for nail specialists shall include the following subjects and the hours assigned to each:

(a) 교육 과정의 범위, 네일기술자를 위한 교육 자격요건은 각각 다음의 주제와 시간을 이수해야만 한다.

Scope of Curriculum 교육과정의 범위

	Hours	
Orientation	4	오리엔테이션 4
(1) Safety and Health	8	안전과 건강 8
(2) Anatomy and Physiology of the Nail, Hand, Arm, Foot and Leg	10	손톱, 손, 팔, 발, 다리의 해부 생리학 10

(3) Bacteria and Infectious Diseases; Nail, Foot, Skin Disorders and Diseases	10	박테리아와 전염성 질병: 손톱,발,피부 장애 및 질병	10
(4) Methods of Infection Control	10	감염예방 방법	10
(5) Client Consultation	4	고객상담	4
(6) Manicuring and Hand/Arm Massage	20	매 니큐어링과 손/팔 마사지	20
(7) Pedicuring	15	패디큐어링	15
(8) Tip Application and Design	12	팁 셋과 아트	12
(9) Nail Wraps	25	네일랩	25
(10) Liquid and Powder Nail Extensions	50	아크릴파우더 익스텐션	50
(11) Gel Nails	20	젤네일	20
(12) Nail Art	4	네일아트	4
(13) Retailing Techniques	6	제품판매술	6
(14) Business Practices	8	실무	8
(15) Job Skills	6	직무 기술	6
Unassigned Hours	38	기타	38
Total	250	합	250

(b) Subject matter. Each subject (including orientation) shall include a treatment of the topics as set forth herein:

(b) 교과, 각 과목별 [오리엔테이션을 포함하여] 규정되어진 프로그램을 진행하여야 한다,

ORIENTATION-4 HOURS 오리엔테이션 - 4시간

- School Rules and Regulations 교칙
- Qualities of the Professional Nail Specialist 전문적인 네일기술자의 자질
- Code of Ethics 윤리
- Familiarization of School Facilities and Supplies 학교 기자재의 소개

Subject 1

SAFETY AND HEALTH-8 HOURS 안전과 건강 - 8시간

- Local, State, Federal Safety Codes 주, 연방 안전 법률
- Salon/Clinic Rules and Regulations 샵/ 병원의 규정
- General Salon/Clinic Safety 일반 샵/ 병원 안전
- First Aid 응급처치
- Hazardous Materials Communications (HAZMAT) 위험 물질

Subject 2

ANATOMY AND PHYSIOLOGY OF THE NAIL, HAND, ARM, FOOT AND LEG- 10 HOURS 손톱, 손, 팔, 발, 다리의 해부 생리학 - 10시간

- Cell Metabolism and Structure 세포의 신진대사와 구조
- Tissues and Organs 조직과 기관
- Systems of the Body and Their Relationship 몸의 체계와 각각의 상호관계
- Histology of the Skin and Its Function 피부조직학 및 기능
- Bones, Muscles, Nerves of the Hand, Arm, Leg and Foot 손, 팔, 다리, 발의 뼈, 근육, 신경
- Nail Structure 손톱구조

Subject 3

BACTERIA AND INFECTIOUS DISEASES; NAIL, FOOT, SKIN DISORDERS AND DISEASES-10 HOURS
박테리아와 전염성 질병: 손톱, 발, 피부 장애 및 질병 - 10시간

▪ Bacterial Infections	세균 감염
▪ Immunity	면역
▪ AIDS Awareness	에이즈 인식
▪ Hepatitis	간염
▪ Viruses	바이러스
▪ Mold and Fungus	곰팡이
▪ Disorders of the Nails and Skin	손톱과 피부의 장애
▪ Foot Disease	발 질병

Subject 4

METHODS OF INFECTION CONTROL-10 HOURS
감염에 대한 대처방법 - 10시간

▪ Chemical Methods of Sanitation	위생의 화학적 방법
▪ Physical Methods of Sanitation	위생의 물리적 방법
▪ Sanitary Rules and Regulations	위생을 위한 규칙과 규정
▪ Bloodborne Pathogen Infection Control	혈액전염병원체감염에 대한 대응방법

Subject 5

CLIENT CONSULTATION-4 HOURS
고객응대 - 4시간

▪ Client Lifestyle Profile	고객 관리 카드 작성.
▪ Diagnosis of Skin Type and Nail Plate Type and Shape	피부타입, 손톱의 상태, 손톱의 모양들을 진단.
▪ Nail Services	네일서비스
▪ Nail Service and Product Usage	네일의 상태에 맞는 제품사용법 알기.

Subject 6

MANICURING AND HAND/ARM MASSAGE-20 HOURS
매니큐어링과 손, 팔 마사지 - 20시간

▪ Basic Manicure	기본 매니큐어
▪ Men's Manicure	남성 매니큐어
▪ Conditioning Manicures	매니큐어 실습
▪ Nail Shape and Color Analysis	네일 모양잡기와 컬러분석
▪ Types of Massage	마사지의 종류
▪ Massage of the Hand/Arm	손, 팔의 마사지

Subject 7

PEDICURING-15 HOURS
페디큐어링 – 15시간

▪ Pedicuring Procedures	페디큐어링 시술순서
▪ Procedure for Paraffin Treatment	파라핀 관리 시술순서
▪ Massage and Manipulation	마사지와 기계사용
▪ Massage of the Foot/Leg	발, 다리의 마사지

Subject 8

TIP APPLICATION AND DESIGN-12 HOURS
팁 어플리케이션 과 디자인 – 12시간

▪ Technology of Nail Tips	네일팁의 기술
▪ Tip Adhesives	팁 접착하기
▪ Tip Fitting and Design	팁 사이즈 맞추기와 디자인
▪ Procedure for Tip Application	팁 어플리케이션의 시술방법
▪ Nail Tipping on Problem Nails	문제성 네일에 네일팁 시술하기
▪ Tip Removal	팁 제거하기

Subject 9

NAIL WRAPS-25 HOURS
네일 랩 - 25시간

- Silk, Fiberglass, and Linen Procedures　실크, 파이버글래스, 린넨 시술방법
- Surface Wrapping Natural Nail and Mending　자연 네일과 깨진 손톱보강을 위한 랩핑
- Tip Overlay Wrapping　팁 위드 랩
- Liquid Nail Wrap　액상 네일 랩
- Maintenance　보수 및 유지

Subject 10

LIQUID AND POWDER NAIL EXTENSIONS-50 HOURS
리퀴드와 파우더를 이용한 연장 - 50시간

- Application Procedures for　어플리케이션 시술방법
- Tip and Overlay　팁 오버레이
- Natural Nail　자연네일
- Sculptured Nail　연장네일
- Mending and Repair　보강과 보수
- Re-Balance and Repairs　보수
- Problem Nails　문제성 네일의 시술
- Chemical Reactions to Liquid and Powder　리퀴드와 파우더의 화학적 반응

Subject 11

GEL NAILS–20 HOURS
젤 네일 – 20시간

▪ Gel Procedure	젤 시술
▪ Natural Nails	자연네일
▪ Tip and Overlay	팁 오버레이
▪ Sculptured Gel Nails	연장 네일
▪ Repair and Maintenance	보수와 유지

Subject 12

NAIL ART–4 HOURS
네일아트 – 4시간

▪ Nail Art Procedures	네일 아트 시술방법

Subject 13

RETAILING TECHNIQUES–6 HOURS
제품 판매 기술 – 6시간

▪ Sales Ethics	판매윤리
▪ Advertising Campaign	홍보활동
▪ Design a Retail Center for Nail Care Products	네일케어상품을 위한 소매센터 디자인
▪ Selling Techniques	판매 기술

Subject 14

BUSINESS PRACTICES-8 HOURS
창업 - 8시간

▪ Business Operation	사업경영
▪ Site Planning and Design	위치선정과 계획
▪ Accounting and Inventory	회계와 재고정리
▪ Payroll Regulations	급여 지불 규칙

Subject 15

JOB SKILLS-6 HOURS
직무기술 - 6시간

▪ Basic Job Skills	기본 직무기술

캘리포니아주 Curriculum for Nail Care Course

950.4. Curriculum for Nail Care Course

(a) The curriculum for students enrolled in a nail care course shall consist of not le ss than four hundred (400) hours of technical instruction and practical training covering all practices of a manicurist, pursuant to Section 7316 of the Barbering and Cosmetology Act.

(b) For the purpose of this section, technical instruction shall mean instruction by demonstration, lecture, classroom participation, or examination; practical operations shall mean the actual performance by the student of a complete service on another person or on a mannequin. Practical training shall mean the time it takes to perform a practical operation. Technical instruction and practical training shall include the following hours:

(1) 300 Hours of Technical Instruction and Practical Training in Nail Care

The required subjects of instruction in Nail Care shall be completed with the minimum hours of technical instruction and practical operations for each subject matter as follows:

Manicures and Pedicures (60 hours of Technical Instruction, 60 Practical Operations and 180 nails)

The subject of Manicures and Pedicures shall include, but is not limited to, the following techniques and procedures: Water and oil manicures including hand and arm massage, complete pedicure including foot and ankle massage, application of artificial nails including liquid, gel, and powder brush-ons, nail tips, nail wraps and repairs, and nail analysis.

(2) 100 Hours of Technical Instruction and Practical Training in Health and Safety

The required subjects of instruction in Health and Safety shall be completed with the minimum number of hours of technical instruction and practical operations for each subject-matter as follows:

Laws and Regulations (10 hours of Technical Instruction)

The subject of Laws and Regulations shall include, but is not limited to, the following issues: The Barbering and Cosmetology Act and the Board's Rules and Regulations.

Health and Safety Considerations (25 hours of Technical Instruction)

The subject of Health and Safety shall include, but is not limited to, the following techniques and procedures: Chemistry pertaining to the practices of a manicurist including the chemical composition and purpose of nail care preparations. Health and Safety/Hazardous Substances, including training in chemicals and health in establishments, material safety data sheets, protection from hazardous chemicals and preventing chemical injuries, health and safety laws and agencies, ergonomics, and communicable diseases, including HIV/AIDS and Hepatitis B.

Disinfection and Sanitation (20 hours of Technical Instruction and 10 Practical Operations)

The subject of Disinfection and Sanitation shall include, but is not limited to, the following techniques and procedures: Procedures to protect the health and safety of the consumer as well as the technician.

The ten required minimum operations shall entail performing all necessary functions for disinfecting instruments and equipment as specified in Sections 979 and 980. Disinfection shall be emphasized throughout the entire training period and must be performed before use of all instruments and equipment, with special attention given to pedicure foot spa and basin disinfection procedures detailed in Sections 980.1, 980.2 and 980.3.

Bacteriology, Anatomy and Physiology (10 hours of Technical Instruction)

The subjects of Anatomy and Physiology shall include, but is not limited to the following issues: Bacteriology, anatomy, physiology, and nail analysis and conditions.

(c) The Board recommends that schools provide training in the area of communication skills that includes professional ethics, salesmanship, decorum, record-keeping, client service record cards, basic tax responsibilities related to independent contractors, booth renters, employees, and employers.

Subject	Minimum Hours of Technical Instruction	Minimum Practical Operations
(1) The Barbering and Cosmetology Act and the Board's Rules and Regulations.	10	
(2) Cosmetology Chemistry related to manicuring practices. (Shall include the chemical composition and purpose of nail care preparations.)	10	
(3) Health and Safety/Hazardous Substances (Shall include training in chemicals and health in establishments, material safety data sheets, protection from hazardous chemicals and preventing chemical injuries, health and safety laws and agencies, ergonomics, and communicable diseases, including HIV/AIDS and Hepatitis B.)	15	
(4) Disinfection and sanitation (Shall include procedures to protect the health and safety of the consumer as well as the technician. The ten required minimum operations shall entail performing all necessary functions for disinfecting instruments and equipment as specified in Sections 979 and 980. Disinfection should be emphasized throughout the entire training period and must be performed before use of all instruments and equipment.)	10	10
(5) Bacteriology, anatomy and physiology.	10	
(6) Water and oil manicures, including hand and arm massage.	15	40
(7) Complete pedicure, including foot and ankle massage.	10	20
(8) Application of Artificial Nails		
(A) Acrylic: Liquid and powder brush-ons	15	80 Nails
(B) Nail tips	10	60 Nails
(C) Nail wraps and repairs	5	40 Nails

네일미용 국가자격증 대비 예상문제 1

1. 네일 아티스트의 자세 중 전문가적인 자세로 옳지 않은 것은?

   ① 시간을 지킬 것 ② 준비를 완료할 것
   ③ 하루를 계획할 것 ④ 상쾌한 숨을 쉬고 건강한 치아를 가질 것

2. 큐티클을 밀거나 글루 또는 젤을 네일 위에 얹을 때, 스톤을 집을 때 등 다양하게 사용되는 네일 도구는?

   ① 니퍼 ② 오렌지우드스틱 ③ 파일 ④ 네일 브러쉬

3. 네일 주위에 큐티클을 정리할 때 사용하는 도구는?

   ① 메탈 푸셔 ② 스톤 푸셔 ③ 큐티클 니퍼 ④ 네일 클리퍼

4. 파일의 거칠기 정도를 구분하는 기준은 무엇인가?

   ① 파일의 두께 ② 소프트(soft)번호 ③ 파일의 자재 ④ 그릿(grit)번호

5. 에머리보드에 대한 설명 중 틀린 것은?

   ① 약한 손톱에는 에머리보드보다 철제 파일이 적합하다.
   ② 손톱의 길이와 모양을 다듬는데 사용된다.
   ③ 에머리보드는 사용 후 폐기 처분해야 한다.
   ④ 에머리보드는 인조손톱과 자연 네일을 구분 지어 사용하는 것이 좋다.

6. 다음 중 1회용 소모품인 것은?

   ① 경석 ② 에머리보드 ③ 니퍼 ④ 지혈용 연필

7. 갈라진 약한 손톱을 튼튼하게 만들어 주기 위해 사용되는 재료는?

   ① 네일 테라피 ② 네일 보강제 ③ 베이스 코트 ④ 탑 코트

8. 자연 손톱이 누렇게 변했을 때 사용하는 제품은?

① 아크릴릭 리퀴드 ② 프라이머 ③ 네일 표백제 ④ 띠너

9. 베이스 코트에 대한 설명이다. 옳지 않은 것은?

① 에나멜을 바르기 전에 바른다. ② 에나멜을 바른 후에 바른다.
③ 자연네일의 변색을 방지한다. ④ 송진 성분이 함유되어 있다.

10. 큐티클 오일을 사용하는 목적은?

① 큐티클을 유연하게 하기 위해서 ② 큐티클을 제거하기 위해서
③ 네일에 광택을 주기 위해서 ④ 네일에 변색과 오염을 방지하기 위해서

11. 올바른 큐티클 관리에 대한 설명으로 올바른 것은?

① 가능하면 큐티클을 건드리지 않도록 한다.
② 큐티클을 큐셔로 밀기만 하면 된다.
③ 큐티클을 제거할 때 소형가위를 활용할 수 있다
④ 푸셔로 밀어올린 후 거스러미는 니퍼로 제거한다.

12. 폴리쉬 바르기에 대한 설명으로 올바른 것은?

① 컬러는 큐티클에 최대한 가깝게 바른다.
② 컬러는 반드시 2번만 발라야 한다.
③ 컬러를 수을 때는 아래위로 흔든다.
④ 컬러의 두께는 상관없다.

13. 건성피부나 건조한 네일을 가진 고객에게 효과적인 매니큐어는?

① 파라핀 머니큐어 ② 프렌치 매니큐어 ③ 습식 매니큐어 ④ 젤 매니큐어

14. 패디큐어 시술 방법으로 올바른 것은?

① 티눈은 반드시 제거한다.
② 심장병, 고혈압 환자는 마사지를 더 많이 한다.
③ 발톱 쉐입은 일자형으로 한다.
④ 발톱 쉐입은 고객이 원하는 대로 한다.

15. 발톱이 살을 파고드는 원인으로 올바른 것은?

① 폴리쉬를 많이 발라서 ② 발톱의 길이를 길러서
③ 신발굽이 너무 낮아서 ④ 발에 너무 끼는 신발을 신어서

16. 매니큐어란 용어를 올바르게 정의한 것은?

① 여러 가지 색상의 폴리쉬를 의미한다.
② 손. 발 관리의 총체적인 의미이다.
③ 네일에 색상을 예쁘게 바르는 것을 의미한다.
④ 네일 모양 정리, 큐티클 관리, 손마사지, 컬러링의 과정을 의미한다.

17. 샌딩 블록의 사용 용도는 무엇인가?

① 랩을 접착할 때 ② 네일 표면을 강하게 할 때
③ 큐티클을 유연하게 할 때 ④ 네일 표면을 매끄럽게 정리 할 때

18. 에나멜 리무버는 어떤 용해제를 포함하고 있는가?

① 글리세린 ② 아세톤 ③ 실리카 ④ 레이신

19. 매니큐어 시술시 고객과 네일아티스트와의 거리로 적당한 것은?

① 45cm ② 35cm ③ 25cm ④ 55cm

20. 손톱 주위 피부에 명칭과 내용이 바르지 않은 것은?

① 네일 구루브- 구루브 위에 있는 손톱 양측 면의 피부
② 페리오니키움- 전체의 손톱을 둘러싼 피부의 가장자리 부분
③ 네일 폴드- 네일 루트가 뭉쳐있는 손톱 베이스에서 깊이 접혀있는 피부
④ 하이포니키움- 프리에이지 밑 부분의 피부

21. 표피는 여러 층으로 나눠져 있는데 바르지 않은 것은?

① 각질층 ② 유두층 ③ 투명층 ④ 과립층

22. 탑 코트를 발라주는 주된 목적은 무엇인가?

① 네일 표면을 매끄럽게 하기 위해서 ② 큐티클을 부드럽게 하기위해서
③ 팔리쉬 벗겨짐 예방 및 광택 ④ 에나멜이 잘 부착되도록

23. 매니큐어 시술시 피가 났을 때 멈추게 하는 방법으로 가장 옳은 것은?

① 지혈제를 바르고 누른다.
② 알코올에 담근다.
③ 손으로 지긋이 누른다.
④ 흐르는 물에 씻는다.

24. 자연 네일에 안티셉틱(소독제)울 바르는 이유는?

① 네일 보강
② 세균을 죽이기 위해서
③ 글루를 빨리 마르게 하기 위해서
④ 네일에 광택유지

25. 모든 네일관리의 절차 중 가장 먼저 하는것은?

① 팔리쉬 제거 ② 핑거볼 담그기 ③ 손톱사이즈 정리 ④ 손 소독

26. 네일샵의 안전관리에 대한 설명으로 바르지 않은 것은?

① 모든 전기 제품은 3개월마다 관리한다.
② 살롱내에 소화기를 설치한다
③ 알러지 반응을 일으킨 고객은 응급처치 후 의사에게 의뢰한다.
④ 인화성이 강한 물질은 난로 옆에 두지 않는다.

27. 손톱이 완전히 다른 손톱으로 재생되는 기간은?

① 1~2개월 ② 8~10개월 ③ 12개월 ④ 4~6개월

28. 네일 아티스트가 서비스 할 수 있는 비정상상태 손톱으로 틀린 것은?

① 멍든손톱 ② 고랑파진손톱 ③ 몰드 ④ 루코니키아

29. 최초의 네일케어는 B.C 3000년경 어느 나라에서 시작되었는가?

① 로마 ② 일본 ③ 중국 ④ 프랑스

30. 네일 랩 보수 중 ( )를 칠해야하는데 괄호 안에 들어갈 것은 무엇인가?

① 글루 ② 에나멜 ③ 손톱 보강제 ④ 본드

31. 손톱이 빨리 자라는 계절로 바른 것은?

① 봄 ② 여름 ③ 가을 ④ 겨울

32. 습식 매니큐어 시술시 필요하지 않은 것은?

① 글루 ② 푸셔 ③ 핑거볼 ④ 니퍼

33. 관절이란 무엇인가?

① 두 개의 근육이 만나는 곳 ② 세 개 이상의 뼈가 만나는 곳
③ 두 개의 뼈가 만나는 곳 ④ 세 개 이상의 근육이 만나는 곳

34. 3면을 거친 순서대로 손톱 표면에 문질러 광택을 내는 것은?

① 3-WAY 파일 ② 니퍼 ③ 샌딩 블럭 ④ 푸셔

35. 큐티클이란 무엇인가?

① 손톱을 덮은 피부 ② 손톱 뿌리 부분을 덮고 있는 피부 부분
③ 손톱세포 ④ 손톱이 자라는 영양분

36. 습식 매니큐어 시술시 필요한 네일 재료는 무엇인가?

① 핑거볼 ② 글루 ③ 필러파우더 ④ UV젤

37. 다음 보기 중 설명하는 것은 무엇인가?

네일 에나멜의 밀착성을 높이기 위해 미리 도포하는 것으로 일반적으로 수지성분이 네일 에나멜보다 많고 건조속도가 빠른 것이 좋다.

① 베이스코트 ② 네일폴리쉬 ③ 탑코트 ④ 네일크림

38. 손톱수선에는 세 가지 유형이 있다. 바르지 않은 것은?

① 부러지기 쉬운 약한 손톱 끝 씌워주기
② 인조 손톱 붙이기
③ 완전히 부러져 분리된 손톱 끝 다시 붙이기
④ 한 부분이 부러지거나 갈라진 손톱 수선하기

39. 젤 네일의 장점으로 바른 것은?

① 시술 방법이 복잡하여 시간이 많이 걸린다. ② 아크릴릭 네일보다 더 견고하다.
③ 냄새가 강하지만 견고하다. ④ 시술시 잘 펴 바르면 파일링이 필요없다.

40. 랩의 소재 중 바르게 짝지어지지 않은 것은?

① 실크- 강하고 가벼우며 부드럽다.
② 린넨- 두껍고 강하며 오래 간다.
③ 종이- 접착제가 잘 스며들고 견고하다.
④ 파이버글래스- 강하고 오래 견딘다.

41. 팁 제거 시 적절하지 못한 방법으로 바르지 않은 것은?

① 손 톱 불리기. 손끝을 담글 수 있을 만한 작은 유리그릇에 제거제를 충분히 담고 거기에 손끝을 수 분간 담궈 불리도록 한다.
② 칼이나 가위 등으로 잘라낸다.
③ 밀어서 제거하기. 접착제가 녹은 상태에서 오렌지 우드스틱 끝으로 네일팁을 아래로 밀어내리며 떼어 낸다.
④ 자연네일의 표면을 아주 고운면의 버핑 블록으로 매우 부드럽게 버핑해 손톱표면에 남아있는 접착제들을 제거 한다.

42. 익스텐션 중 네일랩 접착 후 시술하는 과정은?

① 네일랩 자르기 ② 글루 바르기 ③ 네일모양 내기 ④ 샌딩블럭

43. 냄새가 없고 브러쉬로 손톱에 얹어 펴 발라주는 것은?

① 글루 ② 실크 ③ 프렌치 ④ 젤

44. 팁 길이를 자를 때 사용하는 것은?

① 버프 ② 샌딩블럭 ③ 팁커터 ④ 니퍼

45. 랩 제거 시 옳지 않는 것은?

① 아세톤에 담그기 ② 버핑 ③ 랩 밀어내기 ④ 에나멜 바르기

46. 랩 익스텐션 시술방법으로 바르지 않은 것은?

① 익스텐션의 두께는 두껍게 하는 것이 좋다.
② C커브를 만들 때 각이 생기지 않도록 하여야 한다
③ 네일의 하이포인트가 자연스럽도록 필러 파우더를 골고루 뿌려야 한다.
④ 투명도를 위하여 필러파우더를 여러 번에 나누어 골고루 뿌린다.

47. UV광선이나 LED 램프를 이용하여 젤을 응고시키는 시술을 무엇이라 하는가?

① 익스텐션 ② 라이트 큐어드 젤 ③ 탑 오버레이 ④ 아크릴릭 오버레이

48. 굵거나 가느다란 여러 가지 색의 선을 나타내는 스티커 형태의 디자인 재료는?

① 프로 트랜스 ② 아크릴 물감 ③ 스트라이핑 테이프 ④ 스팽글

49. 네일 표면 전체를 채워서 에나멜을 도포하는 방법은 어느 것인가?

① 풀 코트(Full-coat) ② 루놀라(Lunula) ③ 프리엣지(Free edge) ④ 프리월(Freewalls)

50. 아크릭 네일 서비스에 필요한 재료가 아닌 것은?

① 폴리머 ② 프라이머 ③ 베이스코트 ④ 모노머

51. 발마사지 동작 중 바르지 못한 것은?

① 발의 관절을 마사지 하여 안락감을 주는 동작 ② 발가락 관절에 대한 동작
③ 발등에 애플라쥬 동작 ④ 발 비틀기 동작

52. 패디큐어 시술시 발 사이에 발가락 띄우기를 끼는 이유로 맞는 것은?

① 발가락 컬러링 시술할 때 편리하도록 ② 발가락 케어를 잘 할 수 있도록
③ 발마사지 할 때 필요하기 때문에 ④ 고객이 불편에 하기 때문에

53. 임시적 제모 방법으로 바르지 않은 것은?

① 왁싱 ② 족집게 ③ 전기요법 ④ 제모제

54. 네일 파일류의 거칠기를 나타내는 단위를 무엇이라 하는가?

① Grit ② Emery ③ Hard ④ Rough

55. 에어 브러쉬란 대한 설명으로 바른 것은?

① 압축 공기를 만드는 컴프레셔를 사용하여 공기를 브러쉬(붓)를 통하여 품어내는 것이다.
② 손톱이 부러지거나 갈라지는 것을 방지 한다.
③ 손을 부드럽고 윤기나게 해 준다.
④ 손톱위에 표면을 매끄럽게 해 준다.

56. 댕글 시술시 바르지 않은 것은?

① 손톱을 뽑는다.
② 글루 혹은 젤로 고정 시키는 것도 좋다.
③ 댕글을 고리에 끼운다.
④ 핸드 드릴로 손톱 끝에 구멍을 낸다.

57. 네일샵에서 네일 아티스트의 고객에 대한 자세로 적당하지 않은 것은?

① 깨끗한 용모로 고객을 맞이한다.
② 제품 판매을 위한 고객과의 대화는 원할이 유도한다.
③ 고객에게 제품판매를 강요한다.
④ 고객과의 약속이행이 힘들 경우 미리 양하를 구한다.

58. 고용주 및 동료에 대한 자세로 올바르지 못한 것은?

① 본인의 실수를 동료에게 전가하지 않는다.
② 새로운 기술 습득을 위해 항상 노력한다.
③ 고객의 동료에 대한 불만에 동조하지 않는다.
④ 직장을 옮길 경우 하루 전날 통보한다.

59. 발바닥의 굳은살이나 각질 제거시 올바른 방법은?

① 바깥쪽에서 안쪽으로
② 위에서 아래로
③ 족문의 결대로
④ 안족에서 바깥쪽으로

60. 네일샵에서 지켜야 할 위생 규정으로 올바르지 않은 것은?

① 오염된 도구는 사용 후 폐기한다.
② 타월은 항상 깨끗해야 한다.
③ 환기가 잘 되어야 한다.
④ 고객을 시술하기 전 시술자는 반드시 손소독을 하여야 한다.

1.④	2.②	3.③	4.④	5.①	6.②	7.②	8.③	9.②	10.①
11.④	12.①	13.①	14.③	15.④	16.④	17.④	18.②	19.①	20.①
21.②	22.③	23.①	24.②	25.④	26.①	27.④	28.③	29.③	30.①
31.②	32.①	33.③	34.①	35.②	36.①	37.①	38.③	39.④	40.③
41.②	42.①	43.④	44.③	45.④	46.①	47.②	48.③	49.①	50.③
51.④	52.①	53.③	54.①	55.①	56.①	57.③	58.④	59.③	60.①

네일미용 국가자격증 대비 예상문제 2

1. 박테리아 보다 작고 바이러스 보다 큰 조직은?

① 진균　② 간균　③ 리케치아　④ 사상균

2. 보통 액상 형태의 물질로 다른 물질을 녹일 때 사용하는 것은?

① 용질　② 용매　③ 접착제　④ 에너지

3. 다음 중 피부층에 해당되지 않는 것은?

① 표피층　② 진피층　③ 피하 조직층　④ 근육층

4. 손톱 성장이 시작되는 곳은?

① 네일바디　② 프리엣지　③ 네일루트　④ 스트레이 포인트

5. 네일 서비스에 발생되는 출혈을 막는데 사용하는 것은?

① 알코올　② 지혈제　③ 솜　④ 살균비누

6. 에나멜을 바르는 방법 중 아닌 것은?

① 베이스 코트를 바른다.
② 손톱의 오른쪽부터 시작해 아래에서 위로 바른다.
③ 촘촘히 연결하며 손톱 전체에 꽉 채워 바른다.
④ 탑코트를 바른다.

7. 네일관리의 절차 중 가장 먼저 하는 것은?

① 큐티클 정리　② 에나멜 제거　③ 손 마사지　④ 손 소독

8. 아크릴 릭 리퀴드의 화학적 성분은?

① 폴리머 ② 카탈리스트 ③ 모노머 ④ 알코올

9. 파라핀 매니큐어를 하는 것으로 맞지 않는 것은?

① 관청염이 있는 환자의 치료용으로 사용된다.
② 탄력이 떨어진 피부에 적합하다.
③ 피부에 열을 공급하지 못한다.
④ 혈액순환을 촉진시켜 거친 피부를 건강하게 가꾸어준다.

10. 각질효소가 생성되어 각질화 과정이 시작되는 층은?

① 각질층 ② 유극층 ③ 과립층 ④ 기저층

11. 감염의 증상을 눈으로 직접 확인하기 가장 쉬운 방법은?

① 멍든손톱 ② 변색
③ 고름 ④ 부종

12. 손톱이 떨어져 나가는 현상을 무엇이라 하는가?

① 니버스 ② 오니카트로피아 ③ 루코니키아 ④ 오니카우시스

13. 손톱 표면을 매끄럽고 반짝이게 하는데 사용하는 것은 무엇인가?

① 샤미즈 버프 ② 네일브러쉬 ③ 니퍼 ④ 네일 클리퍼

14. 발톱의 쉐입을 만들 때 가장 바람직한 것은?

① 둥근형 ② 오발형 ③ 포인트형 ④ 스퀘어형

15. 파일의 사용법 중 옳지 않은 것은?

① 45%로 뉘어서 사용한다.
② 손톱의 모양을 정하고 네일 클리퍼로 길이를 잘라준다.
③ 파일 전체 길이의 1/5정도 잡고 시술한다.
④ 손톱의 모양을 만들어주고 매끄럽게 다듬어 준다.

16. 서비스하기 전의 준비절차가 아닌 것은?

① 테이블을 99%의 알코올로 닦아 낸다.

② 위생처리 된 타올을 깔아주고 종이 타올을 그 위에 덮어준다.

③ 시술자와 고객의 손을 살균 비누를 이용하여 세척한다.

④ 따뜻한 항균 비눗물을 핑거볼에 담는다.

17. 스캅쳐 완성 후 디자인하여 입체감을 주는 것은?

① 엠보싱 ② 프렌치 스캅쳐 ③ 디자인 스캅쳐 ④ 실크랩

18. 패티큐어 시술시 필요한 도구로 잘못 짝지어진 것은?

① 콘커터 - 발바닥 굳은살 제거 ② 안티셉틱 - 피부소독제

③ 푸셔 - 큐티클을 밀어주는 용도 ④ 패디파일 - 발톱 모양을 잡는 발톱 전용 파일

19. 임시적 제모 방법이 아닌 것은?

① 왁싱 ② 전기요법 ③ 족집게 ④ 제모제

20. 댕글 시술시 아닌 것은?

① 손톱을 뽑는다. ② 핸드 드릴로 손톱 끝에 구멍을 낸다.

③ 댕글을 고리에 끼운다. ④ 글루 혹은 젤로 고정 시키는 것도 좋다.

21. 고객을 대하는 자세로 올바른 것은?

① 전화 상담에서는 첫인상을 신경 안써도 된다.

② 예약보다는 오는 순서대로 관리한다.

③ 풍부한 지식으로 고객에게 도움 준다.

④ 고객의 의사와 상관없이 시술자 마음대로 관리한다.

22. 어떤 물건을 모든 박테리아를 살균시키는 것은?

① 위생 ② 청결 ③ 화학 ④ 소독

23. 네일 소도구를 소독하는 알코올의 농도가 얼마일 때 소독효과가 있는가?

① 30% ② 40% ③ 50% ④ 70%

24. 남성들이 가장 선호하는 네일 쉐입 모양은?

① 포인트 쉐입 ② 라운드 쉐입 ③ 오벌 쉐입 ④ 스퀘어 쉐입

25. 손톱의 프리엣지 부분을 하얗게 표현해주는 매니큐어는?

① 핫오일 매니큐어 ② 레귤러 매니큐어
③ 프렌치 매니큐어 ④ 파라핀 매니큐어

26. 팁 제거시 몇%의 아세톤으로 제거해야 하는가?

① 20% ② 47% ③ 100% ④ 105%

27. 익스텐션을 시술할 때 글루와 필러를 몇 번 하는 것이 가장 좋은가?

① 1회 ② 2~3회 ③ 4~5회 ④ 5~6회

28. 냄새가 없고 브러쉬로 손톱에 얹어 펴발라주는 것은?

① 글루 ② 젤 ③ 프렌치 ④ 실크

29. 에나멜과 같은 뜻으로 통용되는 용어는 무엇인가?

① 매니큐어(manicure) ② 베이스 코트(base coat)
③ 폴리쉬(polish) ④ 네일 블리치(nail bleach)

30. 네일 팁을 설명한 것이다. 옳지 않은 것은?

① 자연손톱의 연장에 사용 된다.
② 접착 부분이 크고 두꺼울수록 좋은 팁이다.
③ 플라스틱, 아세테이트, ABS 재질이다.
④ 풀 웰 팁은 하프 웰 네일 팁보다 접착 부분이 크다.

31. 네일 팁의 제거 방법으로 맞는 것은?

① 팔리쉬 리무버에 담근다.
② 니퍼로 뜯어낸 후 알코올에 담근다.
③ 솜에 아세톤을 묻혀 호일로 감아 놓았다가 우드스틱으로 밀어낸다.
④ 자연적으로 떨어질 때까지 기다린다.

32. 네일 팁을 접착시키는 방법 중 틀린 것은?

① 손톱의 절반이상을 커버해야 한다.

② 웰의 정지선 이하는 글루를 바르지 않아야 한다.

③ 가장 알맞은 사이즈의 팁을 붙여야 한다.

④ 손톱주위의 피부에 묻지 않게 한다.

33. 인조 네일 시술시 네일과 팁의 턱을 효과적으로 메꾸어 줄 수 있는 제품은?

① 프라이머 ②필러파우더 ③ 랩 ④ 아크릴 리퀴드

34. 팁을 부착하는 방법으로 옳은 것은?

① 90도 각도로 공기가 들어가지 않게 밀착시킨다.

② 접착제의 양을 많이 하여 공기가 들어가지 않게 밀착 시킨다.

③ 웰부분이 너무 두꺼운 경우 파일로 살짝 갈아준 후 시술한다.

④ 팁을 밀착시킨 후 5~10초 정도 글루드라이를 뿌린다.

35. 조상(네일베드)에서 조판(네일 플레이트)로 붉은 살이 자라나오는 증상은?

① 화농성 육아종(파이제닉 그래뉼로마) ② 조위염(파로니키아)

③ 조갑박리증(오니코리시스) ④ 조갑탈락증(오니콥토시스)

36. 랩 익스텐션 시술방법으로 옳지 않은 것은?

① 투명도를 위하여 연장된 네일의 밑부분에도 글루를 도포한다.

② 두께는 팁의 두께를 기준으로 한다

③ C커브는 50% 이상이 되어야 한다.

④ 젤도 도포할 수 있다.

37. 여름철이나 신부들이 많이 애용하는 매니큐어는?

① 습식 매니큐어

② 프렌치 매니큐어

③ 파라핀 매니큐어

④ 글루 매니큐어

38. 네일샵에서 화학물질로부터 보호 방법으로 틀린 것은?

① 화학 약품이 눈에 들어가지 않게 보호안경을 쓴다.

② 프라이머 등이 피부에 닿지 않게 주의 한다.

③ 환기를 자주 시켜 냄새와 증기가 빠져나가도록 한다.

④ 고객이 우선이므로 고객이 담배를 원하면 서비스해 드려야 한다.

39. 그릿수에 따른 파일의 용도이다. 다음 중 바르게 짝지어지지 않는 것은?

① 120 - 150 : 자연 손톱에 사용하고 긴 손톱을 정리할 때 사용한다.

② 120 - 160 : 인조 네일에 주로 사용한다. 중간 정도 거칠다.

③ 80 - 100 : 인조 네일 중에서도 잘 갈리지 않는 아크릴릭 네일을 파일링 할 때 사용한다.

④ 180 - 240 : 자연 손톱에 사용하는 부드러운 파일이다.

40. 사람의 개개인마다 네일 성장속도가 차이가 난다. 네일이 빨리 성장할 수 있는 요인이 아닌 것은?

① 여성보다는 남성의 경우가 빠르다.

② 생리적 부담이 있거나 질병이 있는 경우 빠르다.

③ 손톱을 깨무는 경우 빠르다.

④ 연령이 낮을수록 빠르다.

41. 대리석 무늬를 표현하는 디자인 방법은?

① 마블 ② 글리터 ③ 핸드페인팅 ④ 에어브러시

42. 종이 위에 인쇄 되어 있는 그림이나 사진을 그대로 네일위에 옮기는 디자인 기법은?

① 3D ② 프로 트랜스 ③ 핸드페인팅 ④ 워터 마블

43. 다음 중 엄지손가락 뼈가 연결되어 있는 것은 무엇인가?

① 요골 ② 척골 ③ 상박골 ④ 쇄골

44. 손톱을 구성하고 있는 주성분을 무엇인가?

① 단백질과 케라틴 ② 케라틴과 섬유질

③ 단백질과 지방질 ④ 단백질과 지방질

45. 네일팁 시술시 글루와 글루드라이를 함께 사용할 경우 통증이 발생할 경우 어느 부위의 손상인가?

① 큐티클 ② 월 ③ 프리엣지 ④ 네일베드, 매트릭스

46. 매니큐어를 얼마 간격으로 하는 것이 바람직한가?

① 1주일에 한번 ② 2주일에 한번 ③ 한달에 한번 ④ 자주할수록 좋다.

47. 플리시를 바를때 가장 적당한 브러시의 각도는?

① 20° ② 35° ③ 45° ④ 상관없다.

48. 젤을 응고시키는 자외선 전구 또는 LED 전구가 들어있는 기구 이름은?

① 네일 드라이기 ② 엑티베이터 ③ 큐어링 라이트기 ④ 드릴 머신

49. 폴리쉬를 바르기 전에 섞는 방법으로 올바른 것은?

① 손바닥 사이에 놓고 굴린다. ② 위 아래로 흔들다.
③ 그냥 사용한다. ④ 오렌지 우드 스틱으로 섞는다.

50. 고용주와 동료들에 대한 직업적 윤리로 틀린 것은?

① 부정적인 태도와 밝은 행동을 한다
② 정직 하여야 한다
③ 충실하며 최선을 다한다
④ 공정하여야 한다

51 발에 굳은살이 생기는 원인으로 잘못된 것은?

① 양말을 잘 신지 않아서 ② 좁은 신발을 많이 신어서
③ 혈액순환이 잘 되지 않아서 ④ 인대나 힘줄이 변형되어 신발과의 접촉에 의해

52. 손톱의 성장에 관한 설명으로 적절하지 않은 것은?

① 엄지 손톱이 가장 늦게 자란다.
② 중지 손톱이 가장 빨리 자란다.
③ 머리카락이 빨리 자라면 손톱 역시 빨리 자란다.
④ 손톱은 겨울보다 여름에 빨리 자란다.

53. 베이스코트를 바르는 가장 주된 목적은?

① 폴리쉬를 네일에 잘 접착하기 위해
② 자연네일을 보강하기 위해
③ 광택을 내기 위해
④ 컬러링후 벗겨짐을 방지하기 위해

54. 손톱의 성장이 시작되는 부위는?

① 네일바디 ② 네일루트 ③ 프리엣지 ④ 매트릭스

55. 아크릴릭 스캅쳐 시술 시 자연네일에 접착이 잘 되도록 하기 위해 사용하는 재료는 무엇인가?

① 글루 ② 프라이머 ③ 폼 ④ UV 젤

56. 곰팡이의 원인이 아닌 것은?

① 아크릴 교체시기를 잘 지킨 경우
② 들뜸 현상을 방치했을 경우
③ 장갑을 사용하지 않고 물을 많이 사용한 경우
④ 보수작업을 잘 하지 않은 경우

57. 폴리쉬가 끈적일 때 사용하는 화학제품을 무엇인가?

① 오일 ② 띠너 ③ 알코올 ④ 아세톤

58. 손톱의 기능에 속하지 않는 것은?

① 흡수기능 ② 물건을 잡는 기능
③ 손끝과 발끝 보호 ④ 공격과 방어의 기능

59. 건강한 손톱에 대한 설명으로 올바른 것은?

① 손톱 표면이 울퉁불퉁해도 튼튼하면 된다.
② 반투명한 붉은빛이 좋다.
③ 네일베드에 단단하게 부착되어야 한다.
④ 손톱의 수분이 약 30% 이상 포함하여야 한다.

60. 프라이머가 피부에 묻었을 때 올바른 조치 방법은?

① 알코올로 5분간 닦는다.

② 리무버가 묻은 면봉으로 누르며 닦는다.

③ 흐르는 물에 씻고 알칼리수로 중화한다.

④ 피부 소독제로 세척한다.

1.③	2.②	3.④	4.③	5.②	6.②	7.④	8.③	9.③	10.③
11.③	12.②	13.①	14.④	15.①	16.③	17.②	18.①	19.④	20.①
21.③	22④	.23.④	24.②	25.③	26.③	27.②	28.②	29.③	30.②
31.③	32.①	33.②	34.③	35.①	36.③	37.②	38.④	39.②	40.②
41.①	42.②	43.①	44.①	45.④	46.①	47.③	48.③	49.①	50.①
51.④	52.③	53.①	54.②	55.②	56.①	57.②	58.①	59.④	60.③

네일미용 국가자격증 대비 예상문제 3

1. 탑 코트와 같은 뜻으로 또 다른 이름으로 맞는 것은?

   ① 에나멜 ② 실러 ③ 하드너 ④ 락커

2. 남성들이 가장 선호하는 네일 모양(쉐입)으로 맞는 것은?

   ① 둥근 네일 ② 둥근 사각 네일 ③ 사각 네일 ④ 오발형

3. 네일 아티스트가 에나멜의 색상선택에 있어서 고려해야 하는 사항으로 바르지 않는 것은?

   ① 손님의 의상 ② 시술자의 기호 ③ 피부색 ④ 계절

4. 에나멜을 바를 때 줄이 생기는 원인으로 맞는 것은?

   ① 손톱이 너무 짧고 좁을 때 줄이 생긴다.
   ② 탑 코트를 바르지 않으면 줄이 생긴다.
   ③ 첫 번째 에나멜이 완전히 마르기 전에 바로 바르면 줄이 생긴다.
   ④ 브러시를 너무 눌러서 바르면 줄이 생긴다.

5. 에나멜을 많이 흔들었을 때 발생할 수 있는 것으로 맞는 것은?

   ① 깨끗하게 바르기 어렵게 만든다. ② 에나멜을 바르기가 수월해진다.
   ③ 금방 굳어진다. ④ 공기방울이 생길 수도 있다.

6. 자연 네일의 쉐입(shape)을 잡는 올바른 방향으로 맞는 것은?

   ① 오른쪽에서 왼쪽으로 방향은 무관하다.
   ② 양쪽 코너에서 중앙으로 한 방향이다.
   ③ 왼쪽에서 오른쪽으로 양방향이다.
   ④ 양쪽 코너에서 중앙으로 양방향이다.

7. 파일의 거칠기 정도를 구분하는 기준으로 맞는 것은?

① 파일의 길이 ② 파일의 두께 ③ 소프트 번호 ④ 그리트 번호

8. 글루 또는 젤을 네일 위에 얹을 때나 에나멜을 제거 하거나 큐티클을 밀 때 다양하게 사용되는 네일 도구로 맞는 것은?

① 파일 ② 네일 브러시
③ 푸셔 ④ 오렌지 우드스틱

9. 에나멜과 같은 뜻으로 통용되는 용어로 맞는 것은?

① 베이스 코트(Base coat) ② 메니큐어(Manicure)
③ 팔리쉬(polish) ④ 네일 블리치 (Nail bleach)

10. 에나멜이 쉽게 벗겨지지 않도록 보호해 주는 것으로 맞는 것은?

① 네일보강제 ② 베이스 코트
③ 탑 코트 ④ 네일 블리치

11. 큐티클 오일을 사용하는 주된 목적으로 옳은 것은?

① 큐티클을 유연하게 하기 위하여 사용한다.
② 네일 포면의 변색과 오염을 방지하기 위하여 사용한다.
③ 큐티클을 건조하게 하기 위하여 사용한다.
④ 네일 표면에 광택을 주기 위하여 사용한다.

12. 네일 보강제의 올바른 사용법으로 옳은 것은?

① 베이스 코트를 바르기 전에 바른다.
② 탑 코트를 바른 후에 바른다.
③ 에나멜을 바르기 전·후 다 바른다.
④ 에나멜을 바르기 전에 바른다.

13. 네일 도구를 소독시 알코올의 적당한 농도로 맞는 것은?

① 30% ② 40%
③ 60% ④ 70%

14. 파일링을 한 후에 생기는 먼지나 네일 밑의 거스러미를 제거할 때 사용하는 것으로 맞는 것은?

① 더스트 브러시
② 네일 브러시
③ 라운드 패드(디스크 패드)
④ 샌딩 버퍼

15. 메니큐어 시술 시 피가 날 때 멈추게 하는 방법으로 가장 옳은 것은?

① 지혈제를 바르고 누른다.
② 손으로 지그시 누른다.
③ 알코올에 담근다.
④ 흐르는 물에 씻는다.

16. 파일 그릿(Grit)의 숫자가 높으면 높을수록 어떻게 되는가?

① 길이가 짧아진다.
② 부드러워진다.
③ 거칠어진다.
④ 폭이 넓어진다.

17. 탑 코트를 바르는 목적으로 옳은 것은?

① 큐티클을 부드럽게 하기 위하여 바른다.
② 폴리쉬 벗겨짐을 예방하고 광택을 내기 위하여 바른다.
③ 네일 포면을 매끄럽게 하기 위하여 바른다.
④ 네일에 영양을 공급하기 위하여 바른다.

18. 네일 접착제를 빨리 건조시키는 역할을 하는 것으로 맞는 것은?

① 퀵 드라이 탑 코트
② 폴리쉬 드라이어
③ 액티베이터
④ 퀵 드라이 오일

19. 자연 네일의 쉐입(shape)을 잡을 때 파일의 방향을 주의해야 하는 이유로 옳은 것은?

① 네일의 결이 손상되는 것을 방지하기 위하여 주의한다.
② 네일이 얇아지는 것을 방지하기 위하여 주의한다.
③ 네일이 파고드는 것을 방지하기 위하여 주의한다.
④ 네일의 과잉성장을 방지하기 위하여 주의한다.

20. 가성 소다가 함유되어 있는 화학제로 맞는 것은?

① 큐티클 크림
② 팔리쉬 리무버
③ 큐티클 오일
④ 큐티클 솔벤트

21. 패디큐어를 할 때 굳은살 제거 시 사용하는 도구로 맞는 것은?

① 패디파일
② 발가락 씌우개
③ 발톱 클리퍼
④ 콘 커터

22. 아크릴릭 네일의 3가지 주요 재료로 바르지 않는 것은?

① 프라이머
② 리퀴드
③ 필러 파우더
④ 아크릴릭 파우더

23. 다음 중 오렌지 우드 스틱의 사용 용도로 바르지 않는 것은?

① 에나멜 자국을 제거할 때 사용한다.
② 네일 표면의 거스러미를 제거할 때 사용한다.
③ 라인스톤을 네일 표면 위에 얹을 때 사용한다.
④ 인조 네일을 제거할 때 사용한다.

24. 프라이머에 대한 설명으로 맞는 것은?

① 아크릴릭 네일 시술 시 자연 네일에 바르는 것이다.
② 네일 화이트너이다.
③ 릿지필러의 또 다른 명칭이다.
④ 에나멜을 바르기 전에 자연 네일에 바르는 것이다.

25. 왁스를 바를 때 사용하는 도구의 명칭으로 맞는 것은?

① 트위저
② 우드파일
③ 에머리 보드
④ 스파튤라

26. 아세톤에 대한 설명으로 맞는 것은?

① 비아세톤이 퓨어 아세톤이다.
② 과다한 아세톤 사용은 자연 네일을 건조하게 한다.
③ 에나멜을 제거할 때 퓨어 아세톤이 적합하다.
④ 아세톤의 종류는 용도에 따라서 4가지로 나뉜다.

27. 에나멜을 바를 때 브러시의 적당한 각도로 옳은 것은?

① 25℃ ② 35℃ ③ 45℃ ④ 55℃

28. 에나멜을 바르는 5가지 방법이 아닌 것은?

① 풀 코트 (Full coat) ② 프렌치(French) ③ 루눌라(Lunula) ④ 슬림라인(slimline)

29. 색상의 벗겨짐을 방지하기 위하여 에나멜을 바르는 방법으로 옳은 것은?

① 프리 엣지(Free-edge) ② 프리 월 (Free walls)
③ 프렌치(French) ④ 풀 코트 (Full coat)

30. 올바른 큐티클 관리에 대한 설명으로 옳은 것은?

① 푸셔로 밀어 올린 후 니퍼로 거스러미만 제거하면 된다.
② 큐티클을 제거할 때 니퍼나 소형 가위 등 어떤 것을 사용해도 무관하다.
③ 가능한 한 큐티클을 건드리지 않는 것이 좋다.
④ 큐티클을 푸셔로 밀기만 한다.

31. 큐티클을 정리할 때 너무 많이 제거하지 않도록 주의해야 하는 이유가 바르지 못한 것은?

① 피가 날 수 있다.
② 감염에 노출된다.
③ 감염으로 인해 저항력이 약화된다.
④ 자연 네일이 변색된다.

32. 다음 중 소독하지 않아도 되는 것은?

① 푸셔 ② 콘 커터 ③ 니퍼 ④ 오렌지 우드스틱

33. 다음 중 매니큐어 시술에 관한 것으로 바르지 않는 것은?

① 큐티클 주위의 손톱 각질을 자르면 자를수록 딱딱해질 수 있다.
② 버핑 시 너무 세게 문지르지 않도록 해야 한다.
③ 탑 코트를 발라 유색 에나멜이 더 오래가도록 한다.
④ 큐티클은 죽은 각질 세포이므로 많이 잘라내는 것이 좋다.

34. 네일 시술시 피가 났을 때 멈추게 하는 방법으로 옳은 것은?

① 흐르는 물에 씻는다.　　② 지혈제를 바르고 누른다.
③ 알코올에 담근다.　　④ 손으로 지그시 누른다.

35. 건성 피부나 네일을 가진 고객에게 맞는 매니큐어로 맞는 것은?

① 습식 매니큐어　　② 파라핀 매니큐어
③ 프렌치 매니큐어　　④ 건식 매니큐어

36. 가장 효과적인 매니큐어 시술 주기로 맞는 것은?

① 일주일에 1회 시술한다.　　② 이주일에 1회 시술한다.
③ 일주일에 2회 시술한다.　　④ 자주하면 할수록 좋다.

37. 핑거볼에 살균제를 넣는 주된 이유로 맞는 것은?

① 박테리아 살균을 위해 넣는다.
② 상처난 부위를 소독하기 위해 넣는다.
③ 손톱의 세척을 위해 넣는다.
④ 큐티클을 유연하게 하기 위해 넣는다.

38. 매니큐어 서비스에서 첫 번째로 잡는 손가락으로 맞는 것은?

① 오른손의 소지　　② 오른손의 엄지
③ 왼손의 소지　　④ 왼손의 엄지

39. 베이스 코트의 성분으로 맞는 것은?

① 아세톤　　② 쿼츠
③ 이소프로필 알코올　　④ 글리세린

40. 오렌지 우드 스틱의 사용 용도로 바르지 않는 것은?

① 피부 속으로 들어가 발톱을 파낼 때 사용한다.
② 네일 표백제를 바를 때 사용한다.
③ 에나멜의 여분을 닦아낼 때 사용한다.
④ 푸셔의 대용으로 사용한다.

41. 더운 소독 비눗물을 담가 손끝을 불리기 위한 용기로 맞는 것은?

① 핑거볼 ② 족탕기
③ 디펜디쉬 ④ 디스펜서

42. 다음 중 네일 치료제로 맞는 것은?

① 쿼츠 ② 알코올
③ 프라이머 ④ 네일 테라피

43. 과산화수소와 레몬산이 주성분이며, 자연 손톱이 누렇게 변화하였을 경우 사용되는 제품으로 맞는 것은?

① 프라이머 ② 띠너
③ 아크릴릭 리퀴드 ④ 네일 표백제

44. 파일(file)에 대해 설명한 것으로 바르지 못한 것은?

① 손톱의 길이와 모양을 조절한다.
② 그릿의 숫자가 높을수록 거칠고, 낮을수록 부드럽다.
③ 표면을 교환해서 쓰거나, 소독해 사용한다.
④ 외형적 구분과 그릿 숫자에 따라 분류한다.

45. 네일 기구에 대한 설명으로 바르지 않은 것은?

① 큐티클 푸셔는 날카로워야 잘 밀린다.
② 매니큐어 시 지혈제는 항상 준비해두도록 한다.
③ 니퍼와 푸셔는 2개씩 가지고 있으면 편리하다
④ 오렌지 우드 스틱의 솜은 매번 교체 하도록 한다.

46. 팔리시가 굳었을 경우 희석해서 사용하는 제품으로 맞는 것은?

① 띠너 ② 팔리시 리무버 ③ 큐티클 오일 ④ 퓨어 아세톤

47. 피부의 보습과 진정, 살균효과, 모공수축을 도와주는 재료의 명칭으로 옳은 것은?

① 오일 ② 베이스 코트 ③ 안티셉틱 ④ 솔벤트

48. 철제 도구를 소독하는 데 필요로 하는 최소 시간으로 맞는 것은?

① 10분 ② 15분 ③ 20분 ④ 25분

49. 다음 중 1회용 소모품인 것으로 맞는 것은?

① 니퍼 ② 지혈제 ③ 에머리보드 ④ 푸셔

50. 미용용품에 병균이 들어가지 않도록 덜어서 쓰기 위한 스푼 모양의 도구로 적합한 것은?

① 스파튤라 ② 스포이드 ③ 쏙 볼 ④ 디펜디쉬

51. 아세톤에 대한 설명으로 바르지 않는 것은?

① 아세톤은 인화성 물질이므로 취급에 주의한다.
② 아세톤은 손톱과 피부를 건조하게 만든다.
③ 과다한 아세톤 사용은 손톱을 손상시킨다.
④ 인조 손톱 위의 팔리시를 제거할 때는 퓨어 아세톤을 사용한다.

52. 전동식 매니큐어 작업 시 발생할 수 있는 가벼운 출혈을 멈추게 하기 위하여 사용되는 재료로 맞는 것은?

① 안티셉틱 ② 솔벤트 ③ 지혈제 ④ 오일

53. 테이블, 기구 소도구들의 사전 위생 처리 시간으로 옳은 것은?

① 최소 5분정도는 멸균 소독 처리해서 손님을 받는다.
② 1시간 정도는 멸균 소독 처리해서 손님을 받는다.
③ 2시간 정도는 멸균 소독 처리해서 손님을 받는다.
④ 최소 20분전에 멸균 소독 처리해서 손님을 받는다.

54. 팔리시가 완전히 말리는 데 걸리는 시간으로 맞는 것은?

① 30분 이상 ② 1시간 이상 ③ 5시간 이상 ④ 8시간 이상

55. 손톱이 길고 가늘게 보이도록 팔리시를 바르는 방법으로 맞는 것은?

① 하프 문 ② 풀 코트 ③ 프리에지 ④ 슬림 라인

56. 모든 내일 시술의 절차 중 가장 먼저 하는 것은?

① 맛사지 ② 손 소독 ③ 케어 ④ 컬러링

57. 여름철이나 신부들이 가장 선호하는 매니큐어는?

① 레귤러 매니큐어 ② 프렌치 매니큐어
③ 핫 크림 매니큐어 ④ 습식 매니큐어

58. 팔리시에 대한 설명으로 바르지 않는 것은?

① 뜨거운 곳에 보관하면 굳어지는 속도가 빠르므로 주의한다.
② 2번 바르는 것을 원칙으로 하나 재 색상이 나오지 않았을 경우 3번 바를 수도 있다.
③ 유분기가 남아 있으면 팔리시가 잘 접착되지 않는다.
④ 팔리시는 서로 잘 혼합되도록 위 아래로 잘 흔들어 혼합한다.

59. 가장 여성스럽고 손을 많이 노출시키는 직업을 가진 사람에게 가장 잘 어울리는 손톱 모양으로 맞는 것은?

① 스퀘어 ② 라운드 ③ 오벌 ④ 포인트

60. 프렌치 매니큐어에 대해 바르지 못한 것은?

① 프렌치를 이용해 다양한 아트를 만들 수 있다.
② 보통 엷은 핑크색 내추럴 컬러가 많이 쓰인다.
③ 프리에지 아래쪽을 화이트로 바르면 너무 두꺼워지므로 삼가 한다.
④ 보통 왼쪽에서 오른쪽 순서로(사선) 그리고 중앙, 순서로 바른다.

1③	2①	3②	4④	5④	6②	7④	8④	9③	10③
11①	12①	13④	14③	15①	16②	17②	18③	19①	20②
21④	22③	23②	24①	25④	26②	27③	28②	29②	30①
31④	32④	33④	34②	35②	36①	37①	38③	39③	40①
41①	42④	43④	44②	45①	46①	47③	48③	49③	50①
51④	52③	53④	54④	55④	56②	57②	58④	59③	60③